Mad Business

Von Alexandra & Mathias
für Esther
Weihnachten 2015

Joerg Bartussek, geboren 1971, studierte Rechtswissenschaften und Journalistik an der Universität Graz sowie in Washington, D. C., war viele Jahre als Manager für Großkonzerne in den Bereichen Beratung, Internet und Mobilfunk tätig, und lebt heute als selbstständiger Unternehmer in Wien.

Oliver Weyergraf, geboren 1968, studierte Betriebswirtschaftslehre in Köln. Er führte als Geschäftsführer mehrere Internet-Unternehmen, war lange als Manager für internationale Konzerne tätig, leitet heute sein eigenes Unternehmen und lebt in Berlin.

Paul Hecht, Topmanager, steht für rund drei Dutzend Kollegen aus zehn Branchen, die Originalzitate für dieses Buch beisteuerten. 25 Prozent von ihnen sind CEOs beziehungsweise Geschäftsführer, ein Drittel ist weiblich und alle sind im deutschsprachigen Raum aktiv..

Joerg Bartussek & Oliver Weyergraf

Mad Business

Was in den Führungsetagen der Konzerne wirklich abgeht

Campus Verlag
Frankfurt/New York

MIX
Papier aus verantwortungsvollen Quellen
FSC® C089473
FSC www.fsc.org

ISBN 978-3-593-50124-6

Umschlaggestaltung, Umschlagmotiv und Illustrationen im Buch:
Markus Hanzer, Wien
Gestaltung und Satz: Typografie & Herstellung, Julia Walch, Bad Soden
Druck und Bindung: Beltz Bad Langensalza
Printed in Germany

//Dieses Buch ist auch als E-Book erschienen//
www.campus.de

Für Niels, Henry und Paul.

Ihr wisst, wer gemeint ist.

Inhalt

Einleitung

Nennen Sie mich Paul. Das ist nicht mein richtiger Name, aber ich könnte Ihnen das Folgende nicht erzählen, würde ich meine Identität preisgeben. Der eine und die andere mag mir schon begegnet sein oder sogar mit mir verhandelt haben. Ich arbeite für eines der größten Unternehmen der Welt und verantworte derzeit rund eine halbe Milliarde Euro Budget. Als Bereichsleiter führe ich in einer Landesgesellschaft unseres Konzerns um die 400 Leute und werde als »Kronprinz« des lokalen Vorstands gehandelt. Wenn ich mich nicht allzu doof anstelle und den richtigen Zeitpunkt erwische, kann es durchaus sein, dass Sie mich bald auf dem Cover eines Wirtschaftsmagazins sehen werden: Ein dunkelhaariger Mittvierziger, prägnantes Gesicht, mit 1,70 Meter Körpergröße nicht gerade ein Riese. Aber glauben Sie mir, das Budget, das ich kontrolliere, macht die fehlenden Zentimeter mehr als wett, da kommen einem nur wirkliche Vollidioten blöd. Geld IST Macht, aber dazu gleich mehr ...

Außerhalb des Konzerns bedeutet mir Geld: nichts! Glaubt mir niemand, ist aber so. Ich habe inzwischen genug auf dem Konto, um mir den obligaten Porsche leisten zu können. Und eine 1961er Rolex Daytona »Paul Newman«. Und eines dieser Innenstadt-Penthäuser, die für den bösen Obermanager im sonntäglichen Tatort scheinbar verpflichtend sind. Nach rund einem Vierteljahrhundert im Job bin ich finanziell abgesichert. Doch ich bin keiner von denen, die eigentlich nicht mehr arbeiten müssen, im Gegenteil! Und für den Porsche hätte ich zudem gar keine Zeit, denn in meinem Job kann man nicht mal schnell freitags um

15.00 Uhr das Büro verlassen, um noch ein bisschen herumzurasen. Haben schon welche versucht – kam aber nicht so gut! Einen Luxus habe ich mir allerdings gegönnt: In meinem Esszimmer steht ein Vintage-Tisch von Pierre Charbin aus den frühen 70ern, wunderschönes Teil! Den passenden Anzug für mein Magazin-Covershooting dagegen werde ich mir erst noch kaufen müssen.
Ich arbeite seit genau sechs Jahren und vier Monaten in diesem Konzern und bin – ohne Zweifel – jeden einzelnen Euro meines Gehalts wert. In meinem Lebenslauf finden sich ausschließlich Firmen, die man auf der ganzen Welt kennt, ich führte wahre Monsterprojekte zu unerwarteten Erfolgen und managte schon mit Anfang 30 Budgets im mittleren zweistelligen Millionenbereich. Ich habe zwei Studienabschlüsse (und zwar »echte« Studiengänge, nicht etwa Genderstudies oder solch esoterischen Kram), absolvierte die obligatorischen Softskill-Seminare, ich spreche neben Deutsch und Englisch auch noch ganz passabel Französisch und – heutzutage nicht selbstverständlich – ich wurde noch nie irgendwo gefeuert! Wenn die Zeit für einen neuen Karrieresprung reif war, wechselte ich immer selbst. Wie gesagt – ich bin mein Geld wert!
In meiner Zeit in dieser Landesorganisation sah ich zwei CEOs kommen und wieder gehen, überlebte einige komplett sinnlose Reorganisationen und durfte mehrere strategische Neuausrichtungen »mittragen«. Ich kenne diesen Laden in- und auswendig und deshalb sage ich Ihnen mit all meiner Erfahrung und aus vollem Herzen: Hier läuft etwas schief! Ganz gewaltig schief sogar!
Auf den ersten Blick sieht alles fantastisch aus. Eine Riesenarmee, zusammengesetzt aus allen denkbaren Nationalitäten und Hautfarben, fertigt und vertreibt Produkte und Dienstleistungen, die vermutlich auch Sie tagtäglich nutzen. Allein die Landesgesellschaft, der ich zugeteilt bin, beschäftigt fast 7.000 Leute. Für den

Gesamtkonzern arbeiten rund 200.000 Menschen in mehr als 80 Märkten. Darunter Zehntausende Fachexperten, hoch intelligente Führungskräfte aller Ebenen und erfahrene Topmanager, viele von ihnen an Eliteuniversitäten ausgebildet. Überall, wo wir tätig sind, investieren wir durchschnittlich mehrere Hundert Millionen Euro im Jahr. Und verdienen damit Milliarden. Noch.

Denn mit jedem Jahr geht unser Gewinn weiter zurück; und wenn Sie MICH fragen, dann ist das ein untrügliches Zeichen dafür, dass hier etwas nicht stimmt. Aber niemand aus der Führungsmannschaft würde das jemals offen ansprechen, geschweige denn zugeben. Das hieße ja, man habe Fehler gemacht. Und das ist bei hochbezahlten Topmanagern undenkbar!

Es gibt massenhaft Studien, die Situationen wie unsere beleuchten. Was ist los, wenn zwar oberflächlich alles glänzt, darunter aber Fäulnis und Schimmel wuchern? An Wirtschaftsuniversitäten werden Fälle wie unserer unterrichtet. Lehrbücher geben gute Tipps. Interessiert mich alles nicht, ist alles Dreck! Wissen Sie warum?

Weil Leute wie ich dafür sorgen, dass all die Studienautoren und Professoren und »Experten« niemals hinter die wunderschönen Fassaden der Großkonzerne blicken dürfen. Stattdessen speisen wir sie mit Tausenden von »Luftzahlen« ab, jede akkurat mit Kommastelle und eigenem Balkendiagramm, das sieht nicht nur seriös aus, es funktioniert auch jedes Mal: Die Herren Doktoren freuen sich wie kleine Kinder über die »noch nie zuvor veröffentlichten Kennzahlen« und fragen gar nicht weiter nach.

Es ist daher auch nicht verwunderlich, dass die meisten Menschen da draußen keine Ahnung davon haben, was in den Vorstandsetagen der Weltkonzerne wirklich ab- und schiefgeht. Der Durchschnittskonsument hat das Bild vom mächtigen, weltweit agierenden und strategisch perfekt funktionierenden Großkonzern, das ihm unsere Marketingabteilungen mit sehr viel Aufwand immer wieder einimpfen. Sie sehen unser Logo – und schon entsteht dieses schöne Image in Ihrem Kopf! So soll es sein. Doch seien Sie versichert: Mit der konzerninternen Wirklichkeit hat das nichts, absolut gar nichts zu tun! Die ist wesentlich chaotischer, absurder, verstörender und auch tragischer, als man sich das je vorstellen würde.

Ich bin ein sehr vorsichtiger Mensch. Andernfalls wäre ich heute auch nicht da, wo ich bin. Vor ein paar Jahren begann ich, die unglaublichen Vorkommnisse zu dokumentieren, mit denen man hier Tag für Tag konfrontiert wird. Brisante E-Mails legte ich in privaten Ordnern ab, dubiose Dokumente fotografierte ich mit meiner Handykamera. Man weiß ja nie, wann man so etwas noch mal brauchen kann ... Mit der Zeit wurde dieses Zeugnis unternehmerischen Wahnsinns immer facettenreicher, schillernder und dicker. Lange erzählte ich niemandem davon. Bis ich eines Nachts, nach zuviel schwerem Rotwein, doch jemanden einweihte. Diese Person hörte mir sehr lange zu und sagte schließlich leise: »Das ist ja noch gar nichts!«. Und dann fing sie selber an auszupacken. Noch in derselben Nacht begann die Arbeit an diesem Buch.

Um den wahren Wahnsinn in Weltkonzernen, abseits weltfremder Lehrbuchstudien, umfassend dokumentieren zu können, brauchte es authentische Zeugnisse aus unterschiedlichsten Branchen und Unternehmen. Die meisten angesprochenen Topmanager schreckten aber (wenig überraschend) anfangs zurück – ihre Erlebnisse und Geschichten können Karrieren zerstören. Doch genau die benötigte ich. Nun bin ich nicht nur vorsichtig, ich bin auch beharrlich. Das Projekt sprach sich herum und mit der Zeit kamen immer mehr Informanten dazu, alle juristisch zur Wahrheit verpflichtet und gewissenhaft anonymisiert.

Meine Position bringt es mit sich, dass ich oft in der Luft bin. Also wurden Flüge so koordiniert, dass man sich in irgendwelchen anonymen Flughafenlounges treffen und reden konnte. Auf diese Weise merkte niemand etwas. Bald schon schrieb ich mehr, als ich managte. Und mit jeder neuen Quelle bröckelte das gewissenhaft gepflegte Bild vom Strahlekonzern ein kleines Stückchen mehr, wurde meine Vermutung zur Gewissheit: Big Business ist Mad Business.

Das vorliegende Buch führt Sie nun mitten hinein in diese – normalerweise streng abgeschottete – Welt. Sie nehmen direkt neben den Topmanagern Platz und leben das Leben der Wirtschaftselite. Die wortwörtlich wiedergegebenen Zitate der dutzenden CEOs, Geschäftsführer, Bereichsleiter und all der anderen Führungskräfte weltumspannender Unternehmen, mit denen ich für dieses Buch sprach, fügen sich zu einem Bild zusammen, wie es noch nie zuvor veröffentlicht wurde. Ehrlich und brutal direkt! Verdichtet zu einer Kalenderwoche lässt es hoffentlich erahnen, womit die Mächtigen, und mit ihnen ihre Konzerne, kämpfen und woran sie scheitern.

Paul Hecht

1 02 03 04 05 06 07 08 09 10 11 12
3 14 15 16 17 18 19 20 21 22 23 24
01 02 03 04 05 06
13 14 15 16 17 18 19 20

Montag, Vormittag

8.35 Uhr, Im Toplift

In der marmorverkleideten Eingangshalle unserer Deutschlandzentrale halten fünf Lifte: vier normale und einer, für den man einen besonderen Schlüssel braucht. Das ist der Lift für die Führungskräfte. Also offiziell natürlich nicht, offiziell ist das ein »Hochsicherheitslift für Einsatzkräfte und Sicherheitstechniker«. In Wirklichkeit haben aber nur zwei oder drei Techniker einen Schlüssel dafür – im Gegensatz zu den Topmanagern, wir haben alle unseren eigenen Liftschlüssel!

Der Toplift, wie ihn die Mitarbeiter nennen, ist weder mit Gold ausgekleidet, wie manche im Haus mutmaßen, noch mit Perserteppichen ausgelegt. Es gibt auch keinen Liftboy. Es ist eigentlich ein Lift wie jeder andere. Bis auf eine Besonderheit: Der Toplift fährt ohne Zwischenstopp direkt von der Lobby bis ins oberste Stockwerk, dort, wo sich auch mein Büro befindet. Er macht in keiner anderen Etage halt.

Das mag manchen etwas abgehoben erscheinen, ich finde es einfach praktisch. Man spart auf dem Weg ins Büro nicht nur Zeit, man kann sich auch ungestört unterhalten. Kein Unbefugter hört mit! Während einer gemeinsamen Fahrt nach oben hörte ich beispielsweise von unserem Chef, dem CEO unserer Landesgesellschaft, erstmals – natürlich ganz, ganz vertraulich – vom hochgeheimen Programm »Raue See«, in dessen Verlauf wir später fast ein Fünftel der Belegschaft freisetzen mussten. Ich nickte ruhig und verständnisvoll, stieg aus und lief sofort wieder drei Stockwerke nach unten, zur Personalabteilung. Denen erklärte ich, dass mein Team »aus wichtigen Gründen und sofortigst!« um zwölf Mann aufgestockt werden müsse. Das haben sie auch brav gemacht und als »Raue See« dann tatsächlich losging, konnte ich freiwillig und großzügig genau diese zwölf Mann zum gemeinsamen Personalabbau beitragen. Vom Vorstand wurde ich gefeiert, die Leiter der anderen Bereiche schäumten. Aber das war mir egal, denn so läuft das Geschäft nun mal!

Der Weg nach oben

› Wenn man auf den Lift wartete, konnte es passieren, dass plötzlich ein rotes Licht anging: Das bedeutete, dass einer der Vorstände den Lift gerufen hatte, und da durfte dann niemand anderer zusteigen. Der Lift war so lange reserviert, bis der wieder ausgestiegen war. ‹

(Banken & Versicherungen)

› Der Oberboss schaute mal wieder bei uns vorbei. Am »großen Tag« ging dann eine E-Mail rum, dass die Lifte von 11.00 bis 13.00 Uhr, genau während der Mittagszeit, blockiert sein würden. Damit der Oberboss ungestört vom Empfang in die oberste Etage fahren konnte. Jetzt muss man wissen, dass wir über zehn Stockwerke verteilt sind und die Kantine ganz unten im Erdgeschoss ist. Den 2.000 Leuten im Gebäude wurde ihr langer Gang zum Mittagessen damit schmackhaft gemacht, dass »Treppensteigen gut für die Gesundheit« sei. ‹

(Telekommunikation)

› Der Vorstandsbereich ist äußerst luxuriös gestaltet: mit Marmorböden oder hochflorigen Teppichböden, damit es nicht so schallt. Da gibt es mehrere Esszimmer, ein extra Frühstückszimmer sowie Badezimmer und private Ruheräume samt Bett. Für einen der Vorstände wurde sogar ein mehrere Tausend Euro teures Pissoir von einem Stardesigner bestellt. Und obwohl die Räumlichkeiten ohnehin schon »over the top« eingerichtet sind, wird für jeden neuen Vorstand alles wieder herausgerissen und neu gemacht. Damit der sich da auch wirklich wohlfühlt ... ‹

(Banken & Versicherungen)

8.36 Uhr, Mein Büro, meine Lampe, meine Assistentin

Ich lege Wert darauf, nicht übermäßig eitel zu sein. Morgens greife ich nach dem erstbesten Anzug, den ich finde. Sind ohnehin alle dunkelgrau, Nadelstreif, eine der renommierten Marken. Krawatte trage ich selten, auch heute nicht, das ist meiner Meinung nach etwas für die ältere Generation. Und für den Fall der Fälle hängt immer ein »Notfall-Schlips« in meinem Büro. Das taillierte Hemd kommt aus dem Sport, tragen jetzt alle Trainer so. Ich färbe mir auch nicht die Haare – graumelierte Schläfen kommen in meiner Position ganz gut. Und da ich darüber hinaus ganz gut durchtrainiert bin, nimmt man mir meine Leitungsfunktion automatisch ab. Die Formel lautet: Graumeliert + sportlich = Chef. Das funktioniert immer!

Der Dresscode

› Früher liefen bei uns alle rum, wie sie wollten. Manche sahen aus, als kämen sie gerade vom Rasenmähen. Als in der Krise dann Leute rausgeschmissen wurden und alle um ihre Jobs kämpften, differenzierte man sich plötzlich auch über Klamotten. Heute trägt jede Führungskraft Anzug – aus Pseudo-Lässigkeit verzichten sie höchstens mal auf die Krawatte und geben sich dadurch »volksnah«. ‹

(IT-Branche)

› Für mich ist der Anzug eine Uniform, die ich morgens an- und abends wieder ausziehe. So kann ich Arbeit und Privatleben gut trennen. ‹

(Medien)

› Sie wiesen einen darauf hin, wie man sich anzuziehen habe. Vermutlich weil in der Beratung so viele Naturwissenschaftler sind. Da gab es dann Hinweise wie: Keine weißen Socken zum Anzug! ‹

(Beratungskonzern)

› Damit wir Beraterinnen auch anständig angezogen sind, gab es zum Start einen Bekleidungsvorschuss. Ich bin also losgezogen und hab' mich erst mal ordentlich eingekleidet. Auf dem Flug zu meinem ersten Projekt saß ich dann stolz wie Oskar in meinem anthrazitfarbenen Anzug mit dem schicken Seidenschal da.
Weil meine Tasche in einer anderen Reihe verstaut war, wartete ich nach der Landung artig am Gang, bis die Leute an mir vorbeigelaufen waren. Ich wunderte mich, warum die anderen Passagiere immer wieder »Vielen Dank!« zu mir sagten. Bis mir plötzlich wurde klar wurde: Die denken, ich sei eine Stewardess! Mein ganzes Selbstbewusstsein war im Nu den Bach runter. ‹

(Beratungskonzern)

Wie beim Dresscode gehe ich auch in Sachen Büroeinrichtung »unprätentiös« vor. Einfach und schlicht – so ist Paul Hecht! Bis auf ein paar Fotos gibt es hier eigentlich nichts wirklich Privates. Ich muss mich am Arbeitsplatz nicht selbst verwirklichen. Job und Privates sollte man trennen! Als mich die Mitarbeiterzeitschrift einmal interviewte, sollte ich Fragen wie »Was ist Ihr Hobby?« beantworten. Ich erzählte irgendetwas über meine »Lieblingsmannschaft«, obwohl mich Fußball nicht die Bohne interessiert. Das war aber notwendig, um Verbundenheit mit den Mitarbeitern zu demonstrieren. Dass ich hier bin, um Karriere zu machen, wäre zwar die ehrlichere, aber sicher nicht die beste Antwort gewesen.
Der einzige Luxus, den ich mir fürs Büro geleistet habe, ist meine Sonnenlichtlampe. Die macht ein viel wärmeres Licht als diese

hässlichen Neonröhren, die sonst überall hängen. War zwar nicht ganz billig, aber zahlt erstens das Bereichsbudget, und zweitens sich aus, da das Arbeiten gleich viel angenehmer ist. Ich verstehe nicht, wie meine Leute den ganzen Tag dieses kalte Neonlicht aushalten ...

Kurz hatte ich überlegt, ein Zeichen zu setzen und mich ins Großraumbüro zu setzen. So nach dem Motto: Einer vom Team, ohne eigenes Büro, flache Hierarchien, toller Chef zum Anfassen! Damit hätte ich bei vielen meiner Leute sicher gepunktet und die anderen Bereichsleiter schön geärgert. Win-win! Für diese verkrusteten Managertypen ist das Büro ein Statussymbol, das sie sich nach dem langen und anstrengenden Weg bis in die oberste Etage redlich verdient zu haben glauben. Da hätten sie unvermittelt als schnöde Privilegienritter dagestanden. Warum ich es schließlich doch nicht gemacht habe? Ganz einfach: Weil die Mitarbeiter dann nicht mehr hinter meinem Rücken über mich, ihren Chef, hätten lästern können. Und das gehört nun einmal definitiv zur konzerninternen Psychohygiene dazu.

Statussymbole

› Der Geschäftsführer legt sehr viel Wert auf sein Eckbüro mit mindestens drei Fenstern. Seine Mitarbeiter dürfen maximal zwei Fenster und natürlich kein Eckbüro haben. ‹

(Industrie)

› Ich bekam ein Büro direkt neben dem CEO. Das führte bei den Bereichsleitern zu totaler Missgunst: »Wat hockt die Alte denn da direkt neben dem Chef?« Ich war ja »nur« Abteilungsleiterin.
Es war aber eben nur dieses riesige, ehemalige Geschäftsführungsbüro frei gewesen. Es kam zu langen Diskussionen und schlussendlich setzten sie dann extra eine Wand ein, um mein Büro zu verkleinern! Die einzubauen, mit Schallschutz, das kostete richtig Kohle. Und den abgetrennten kleineren Teil konnte man danach nicht mehr nutzen. ‹

(Handel)

› Statussymbole sind ganz wichtig! In den 90ern war ich noch Vorstandsassistent und hatte einen Schreibtischstuhl ohne Armlehne. »Ein Stuhl mit Armlehne? Das geht erst ab Abteilungsleiter«, erklärte mir der Hausmeister. Ich bekam dann zwar doch eine Armlehne, allerdings eine aus Plastik, die ich mir selber montieren musste. Man konnte also bereits an der Armlehne sehen, welche Position jemand innehatte. ‹

(Banken & Versicherungen)

› An den Dienstwägen gibt es so kleine Zeichen, die anzeigen, ob das ein Abteilungsleiter oder ein Gruppenleiter ist. Früher hatten die mal einen Zweck, denn damit wurden die Zufahrtsberechtigungen am Gelände geregelt. Mittlerweile haben wir Ausweise, die das elektronisch machen. Doch die Zeichen an den Autos gibt's immer noch … ‹

(Automobilbranche)

› Ich bekam ein stinknormales Büro, in dem aber ein Luxustelefon stand – so ein breites Ding mit vielen Extratasten. Ich fand das gar nicht schlecht, denn die ganzen Sonderfunktionen waren durchaus praktisch.
Als ich eines Tages ein Problem hatte, den Techniker rufen musste und der mein Telefon sah, war er ganz entsetzt: Wie ich denn zu so einem Telefon käme – das sei die Geschäftsführerversion! Einen Tag später war es dann weg! ‹

(Beratungskonzern)

»Guten Morgen, Paul! Kaffee?« Meine »PA« Maria ist schon etwa eine Stunde vor mir gekommen. »PA« steht für »Personal Assistant«. Maria ist meine Assistentin, mein Kettenhund in Pumps, mein exklusiver Barista und guter Engel im Vorzimmer. Sagen Sie nur bloß niemals Sekretärin zu ihr! Da ist die zu Tode beleidigt … Maria ist aus Kamerun, sehr dunkel, sehr schlank, sehr gut gebaut. Ich weiß aus sicherer Quelle, dass die Oberwichtigen aus der Europazentrale vor allem wegen ihr so häufig zu mir kommen. Einige haben während des letzten Abstimmungsmeetings gut fünfmal Kaffee bestellt, nur um mit Maria ein paar Worte wechseln zu können. Insofern hat sie sich schon ausgezahlt, auch wenn sie bisweilen etwas schusselig und ihr Deutsch alles andere als glänzend ist. Aber das finden die Zentralisten »total süß«. Eine gute PA sollte den Besucher- und Informationsstrom zu ihrem Chef so kanalisieren, dass diesem mehr Zeit für die wirklich relevanten Führungsaufgaben bleibt: Was muss ich sofort entscheiden und unterschreiben? Was kann warten? Welche Meetings stehen an, welche Unterlagen gibt es? Wen muss ich unbedingt treffen, wer kann warten? Eine PA muss eine »harte Tür« sein. Wie bei einem guten Club. Es muss ein Privileg sein, zu Paul Hecht vordringen zu können. Das alles ist definitiv NICHT Marias Stärke. Aber dafür habe ich jetzt viel »Face Time« mit den Wichtigen. Und das hilft der Karriere mehr als ein noch so gut organisierter Kalender.

Im Vorzimmer

› Die Assistentinnen sind die Supersklavinnen ihrer Chefs. Sie sind aber auch Diven, die ihre Aggressionen wieder irgendwo loswerden müssen. Die Leidtragenden sind am Ende die, die etwas von den Chefs wollen, und dabei über diese Assistentinnen gehen müssen. ‹

(Tourismus)

› Einer der Vorstände hatte einen hochqualifizierten Assistenten. Und dieser Assistent verbrachte viel Zeit damit, für die Freundin seines Chefs ganze Bücher zu kopieren, welche diese sich anscheinend nicht kaufen wollte. ‹

(Internetbranche)

› Wir haben einen sehr abgelegenen Parkplatz, wo es im Winter stockdunkel ist. Bei Frost und Kälte dürfen die Mitarbeiterinnen spätabends einsam durch den Schnee zu ihren Autos stapfen.
Die Geschäftsführungsassistentinnen dagegen dürfen in der Tiefgarage parken. Die kommen morgens um neun und machen nachmittags um fünf wieder die Biege. Und haben immer die schönsten Parkplätze! ‹

(Handel)

› Es war mein allererster Tag als Bereichsleiter. Als Erstes kam meine neue PA herein und fragte schüchtern, wie ich mir unsere Zusammenarbeit vorstelle. Ich hatte noch nie eine Sekretärin gehabt und daher überhaupt keine Ahnung. Also fragte ich sie einfach: »Was wäre aus deiner Sicht am besten?« Darauf sie: »Deinen Kalender pflegen, deine Termine machen, deine E-Mails lesen und schreiben, deine Telefonate führen ... « Es stellte sich heraus, dass sie all das und noch mehr für meinen Vorgänger gemacht hatte. Sie hatte sogar organisiert, dass sein Auto gewaschen wird. Keine Ahnung, wie mein Vorgänger eigentlich seinen Job gemacht hatte. Der wusste auf diese Weise doch überhaupt nicht, was in seinem Bereich eigentlich los war. ‹

(Telekommunikation)

› Als ich zum ersten Mal eine Assistentin hatte, versuchte ich noch, alles selber zu machen, um sie zu schonen. Und ich dachte: Im Zweifelsfall bin ich selber schneller.
Inzwischen habe ich gelernt, dass ich manche Dinge einfach abgeben muss. Natürlich wäre ich alleine manchmal schneller. Und wenn sie es macht, ist die Qualität oft nur 90 Prozent. Aber damit kann ich leben. Ich habe gelernt, dass wir ein Team sind, wo jeder seine Rolle hat. Das funktioniert super! ‹

(Industrie)

› Als mir meine Assistentin vorgestellt wurde, war es Antipathie auf den ersten Blick. Schon in den ersten drei Minuten war vollkommen klar: Das wird nichts mit uns! Man hatte sie mir als »unsere beste Assistentin« verkauft: »Die haben wir extra dir gegeben!« Und ich dachte mir die ganze Zeit nur: Komisch, komisch, komisch, irgendwie will die nicht und tut die nicht und kann die nicht. Meistens trauerte sie ihrem alten Chef nach. Der hatte sie wohl den ganzen Tag ihre Nägel feilen lassen. Bald stellte sich heraus, dass man mir, der Neuen, die Assistentin gegeben hatte, mit der sonst niemand arbeiten wollte.
Nach einem Monat trennten wir uns. Das war mein Einstand: Als Erstes feuerte ich meine Assistentin ... ‹

(Beratungskonzern)

9.00 Uhr, Budgetplanungsmeeting oder Gesunder Menschenverstand über Bord

Konzerne lieben Zahlen. Punkt. Unser Unternehmen ist da keine Ausnahme. Auch hier sind alle geradezu verrückt nach Finanzkennzahlen, Key Performance Indicators, Monatsratios, Bereichsquoten, Balanced Scorecards und so weiter. Nennen Sie mir irgendein Thema – ich wette, es gibt dazu eine telefonbuchdicke Präsentation voller Statistiken und unzähliger bunter Grafiken, die Ihnen alles dazu ausrechnet, was Sie noch nie wissen wollten. Als Konzernmanager lebt man in einer Welt, in welcher der Unterschied zwischen gefeiertem Erfolg und abgrundtiefem Versagen oftmals eine einzige rotgedruckte Zahl ist.

Diese Tausenden und Abertausenden Zahlen wollen erst einmal akribisch geplant und geschätzt, berechnet und gecheckt, hinterfragt und präsentiert werden. Damit können sich bei uns ganze Heerscharen von »Spezialisten« wunderbar tage-, wochen-, manchmal sogar monatelang beschäftigen. Ich schätze, dass allein unsere Landesgesellschaft um die 10.000 Kennzahlen an die Zentrale berichtet. Das ist keine Übertreibung! Die alle zu sammeln, in Dutzende Systeme einzutragen und dann rechtzeitig zu willkürlichen Deadlines zu übermitteln ist natürlich völlig absurd. Selbst ein alter Hase wie ich ist mit der Analyse von – sagen wir – 50 Kennzahlen schon ziemlich ausgelastet. Aber 10.000!? Kein Mensch kann das noch überblicken ...

Zudem sind Zahlen nur das: Zahlen! Punktuelle Informationen, willkürliche Rohdaten, mehr nicht. Zahlenkonvolute, und seien sie noch so dick, liefern weder Wissen noch Analyse und dienen erst recht nicht als Handlungsanweisung. Dazu müsste man sie erst verstehen und interpretieren. Doch dafür fehlt dem Konzern meist die Zeit. Und selbst, wenn man sich die Zeit nähme, man fände niemanden, der Daten in Wissen verwandeln kann. Alles, was man bekäme, wären: noch mehr Zahlen.

Ungeachtet dessen versuchen wir durch das penible Auftürmen immer größerer Zahlenberge alles und jeden zu kontrollieren, jeden kleinsten Fehler zu vermeiden und damit die Zukunft vorherzusagen. Alle Führungskräfte hier wissen natürlich, wie sinnlos das ist und spielen dennoch fleißig mit. Für die Kenntnis detailliertester Kennzahlen wird man vom Vorstand bewundert. Dass dabei die klassischen Managerstärken wie das Verständnis um die Bedürfnisse unserer Kunden und das »Bauchgefühl« für erfolgreiche Innovationen auf der Strecke bleiben, dass wir jeden gesunden Menschenverstand über Bord werfen und unter einer Zahlenlawine ersticken, ist trauriger Konzernalltag.

Zahlenspiele

› Der Kapitalmarkt fordert diese extrem detaillierten Reportinggeschichten, aber in der operativen Arbeit behindert einen das massiv! Es gibt Bereiche, die sind zwei Monate im Jahr nur mit Etatprognosen und Rechnen beschäftigt. ‹

(Medien)

› Wir rechneten den Geschäftsverlauf auf zehn Jahre hoch. Da wurde eine reine Fantasiewelt aufgebaut, nur um die Investoren in Sicherheit zu wiegen. Absurd!

Anschließend mussten wir alle paar Monate mögliche Abweichungen gegenüber unserem Zehn-Jahres-Plan hochrechnen. Reine Zeitverschwendung!

Und wenn es in diesem Zahlenspiel irgendwelche »besorgniserregenden« Werte gab, stellten wir bestimmte Parameter einfach anders ein und die Zahlen »stimmten« wieder. ‹

(Medien)

› Ich musste für den Vorstand die Investorenpräsentation zusammenstellen und besorgte mir die notwendigen Zahlen aus dem Controlling. Parallel dazu baute sich der Vorstand seine eigene Story, mit Zahlen, die er irgendwo aufgeschnappt hatte. Als wir uns dann zur Abstimmung trafen, bemerkten wir, dass unsere Zahlen überhaupt nicht zueinanderpassten. Da aber ein Vorstand »seine Zahlen« nicht einfach so über Bord wirft, einigten wir uns einfach auf den Durchschnitt. Und fertig war die Investorenpräsentation. ‹

(Handel)

› Bei uns war das ganze System auf den Kopf gestellt: Zuerst meißelten die ganz oben irgendeine willkürliche »Zielzahl« in Stein und dann wurde diskutiert, wie man diese rein mathematische Zahl eventuell operativ umzusetzen könne. Wir mussten krampfhaft irgendwelche »Maßnahmen« erfinden und Hunderte Leute losschicken, nur um einer Zahl willen. An den Kunden dachte da niemand. Natürlich funktionierte das nicht! ‹

(Telekommunikation)

› Wir bekamen einen neuen Regionschef, den dritten innerhalb von 24 Monaten. Wie das so üblich ist, wollte auch der erst einmal »alles verstehen«, um beurteilen zu können, wo wir »Impulse setzen« sollten. Also schickte uns sein Team Fragen zu unserer Geschäftsentwicklung. In Form einer Excel-Liste: Hunderte und Hunderte bunt markierter Spalten und Zeilen. Wir zählten nach: Der Regionschef und sein Team wollten ernsthaft 8.000 »Daten«, alle manuell einzutragen, ein großer Teil extra auszurechnen. Das auszufüllen hätte unsere kleine Truppe gut und gerne ein paar Wochen lahmgelegt.

Also druckten wir die Excel-Liste erst mal aus, schön ein A4-Blatt neben dem anderen. Ausgedruckt war die drei Meter lang! Unser CEO nahm sie dann mit zu seinem nächsten Treffen mit dem Regionschef und rollte sie während des Meetings am Boden aus. Nach einer Schrecksekunde beschloss man umgehend, dass diese Datensammlung wohl doch nicht so dringend sei ... Wir hörten nie wieder etwas davon. ‹

(Telekommunikation)

› Die Zentrale gibt ein Jahresziel vor: Jede Landesgesellschaft muss so und so viel zum Gesamtergebnis beitragen. Das Ziel der ganzen Arbeit eines Jahres, das, worauf diese Tausend Leute hinarbeiten, ist eine einzige Zahl, sagen wir zehn Prozent Wachstum.
Die Diskussionen mit der Zentrale verliefen immer gleich:
Wir: »Das Ziel ist viel zu hoch. Woher kommt diese Zahl?«
Zentrale: »Die Investoren erwarten Gewinne … und das ist euer Beitrag.«
Wir (gedacht): »Scheißinvestoren!« (und laut): »Wie soll das gehen?«
Zentrale: »Dafür seid ihr als hochbezahlte Manager da, lasst euch etwas einfallen!« ‹

(Telekommunikation)

Die Königsdisziplin all dieser konzerninternen Zahlenwettkämpfe ist die Budgetplanung: Mein heutiges 9-Uhr-Meeting! Jetzt wird festgelegt, wie hoch meine virtuelle Zielzahl für das kommende Quartal ist. Was muss ich erreichen und wie viel Geld bekomme ich, um es zu schaffen? Merke: So verdienen die Bereiche ihr Geld! Nicht durch den erfolgreichen Verkauf von Produkten, wie man annehmen möchte, sondern durch das geschickte Aushandeln ihrer Zielzahl! Der Gewinner des Budgetmeetings ist derjenige, der die höchsten Investitionen bekommt, mit denen er aber nur ein lächerliches Ziel schaffen muss. Da das jedem der Teilnehmer bewusst ist, wird mit allen lauteren und unlauteren Tricks gekämpft. Kurz: Ein nicht ganz unwichtiges Meeting …
Für den unbedarften Konzernlaien mag es vielleicht so aussehen, als ob sich hier 15 erwachsene Menschen einfänden, um auf Basis rationaler Argumente (Zahlen!) schwierig zu erreichende Ziele sowie begrenzte Investitionsbudgets so untereinander aufzuteilen, dass dabei für den Konzern insgesamt ein möglichst gutes Ergebnis herauskommt. In Wirklichkeit freilich geht es bei die-

sem frühmorgendlichen, verzweifelten Ringen um etwas ganz anderes: Karriere, Verantwortung und Macht.
Im Konzern ist es wie im wirklichen Leben: Mehr Geld bedeutet mehr Macht! Die Formel lautet: Größeres Budget = größerer Schwanz. Und für den würden hier nun wirklich alle alles geben! Darum das ganze Theater, darum werden nun 15 – an und für sich intelligente – Führungskräfte weinerlich argumentieren, warum im kommenden Quartal leider, leider nicht viel gehen wird (»Der Markt ist schwach.«, »Die Entwicklung hat geschlafen.«, »Die Personalabteilung schickt ja alle weg auf Fortbildung.«) und warum sie aber dennoch ein möglichst großes Stück vom Investitionskuchen bekommen müssen (»Wir haben schon letztes Mal nichts bekommen.«, »Die Konkurrenz schläft nicht.«, »Wir sind der Zukunftsbereich schlechthin!«). 15 kleine Kinder, die aus vielen bunten Zahlen einen tollen Argumentationsturm bauen, während sie ihrem CEO-Papa treuherzig erklären, dass sie zwar nicht brav sein werden, dafür aber reichlich belohnt werden wollen.
Vor diesem Hintergrund ist es kein Zufall, dass gerade diese Besprechung für Montag in aller Herrgottsfrüh angesetzt wurde. Irgendwer hofft da, dass wir alle zusammen gedanklich noch nicht wieder aus dem Wochenende zurück sind und daher die Schweinereien, die unzweifelhaft gleich auf uns warten, anstandslos schlucken. Doch ich bin vorbereitet! Statt einfach zu schlafen, bin ich heute Nacht noch einmal alle Unterlagen akribisch durchgegangen, die ich mein Team in den vergangenen Wochen habe zusammenstellen lassen. Sollen die anderen nur mit ihren Zahlen kommen – ich habe mehr und bessere!

› Bei uns verwalteten Manager jahrelang Budgets, die kleiner waren als ihr Jahresgehalt. Wir gaben also mehr Geld für die Verwaltung des Budgets aus, als das Budget selber groß war. ‹
(IT-Branche)

Der Kampf ums Budget

› Ab Mitte des Jahres wird nur noch geplant. Sollte man nicht lieber Geschäfte machen, als die ganze Zeit zu planen? Einer, der nur plant, der arbeitet nicht unternehmerisch. ‹ (Banken & Versicherungen)

› Der Budgetierungsprozess läuft bei uns wie folgt: Du sitzt zehn Leuten gegenüber. Du weißt, du hast für deine Präsentation eine halbe Stunde. Und dann redest du genau 29 Minuten und 40 Sekunden, bis »leider« keine Zeit mehr für Fragen bleibt. Und genau das war der Plan: Das Budget ist sofort durch. ‹ (Medien)

› Es läuft so: Vorab muss man schätzen, wie viele Autos verkauft werden. Alles steht und fällt mit dieser Zahl. Je mehr du verkaufen wirst, umso mehr Geld geben sie dir für die Entwicklung dieses Autos.

Die Verkaufszahlen schätzt du aber nicht selber, darum kümmern sich andere. Die geben aber eine möglichst niedrige Zahl an, damit sie später einmal sagen können: »Wir haben zwar nur 100.000 geschätzt, aber durch unser tolles Marketing konnten wir letztendlich 300.000 verkaufen!« Dann stehen die super da. Ist die Verkaufszahl zu niedrig geschätzt, werden wichtige Investitionen blockiert. Du bekommst nicht genug Mittel, um das Auto zu entwickeln, das du eigentlich im Sinn hast. Ein ewiger Kampf! ‹

(Automobilbranche)

› Irgendeiner aus der Zentrale macht sich Gedanken über die Budgetpläne der Landesgesellschaft: Die geben doch bestimmt überall pauschal 20 Prozent drauf, damit sie Luft haben. Also nehmen wir denen nicht nur diese 20 Prozent, sondern setzen sie auch noch mal um weitere 20 Prozent runter, damit sie sich ein wenig anstrengen müssen. Dann haben wir 40 Prozent gespart … Gibt die Landesgesellschaft also ehrliche Planzahlen ab, wird sie bestraft. Was tun? Man fängt an, die Budgetzahlen künstlich zu erhöhen, nur um später Luft zu haben, wenn die unvermeidlichen Kürzungen kommen. So ein sinnloses Spiel! ‹

(Medien)

Geleitet wird das Budgetmeeting von der Finanzabteilung. Ich muss gestehen, meine Liebe zu den Controllern hält sich in überschaubaren Grenzen. Es gibt dort einfach zu viele, die noch nie in ihrem Leben an der »Front« standen und stattdessen tagein und tagaus nur in ihrem Zahlenmist rumwühlen. Die haben keine Ahnung von der wirklichen Welt und genießen es gerade deswegen über alle Maßen, einen verdienten Manager wie mich zu »kontrollieren«. Und ich werde nun mal nicht gerne kontrolliert. Zudem sind die meisten Finanzer blass und tragen schlecht sitzende Anzüge!
Meistens agiert die Controlling-Truppe, als ob sie eine Sekte wäre, allesamt Hohepriester des Budgets, die einzig wahren Hüter des Geldes: Während alle anderen im Konzern ja nur darauf aus sind, die zur Verfügung stehenden Mittel (und auch die nicht zur Verfügung stehenden) mit beiden Händen zum Fenster hinauszuwerfen, sind sie, die lieben Controller, die Einzigen, die darauf achten, dass nicht alles verprasst wird. So macht man sich keine Freunde!

Das liebe Controlling

› Ich hatte lange Zeit ein Marketingbudget, mit dem ich tun und lassen konnte, was ich wollte. Die Zusammenarbeit mit dem Controlling war angenehm, offen und gemeinschaftlich. Man sprach über Budgets, setzte sie entsprechend ein und rechnete hinterher ab. Wie gesagt: vertrauensbasiert!
Über die Jahre wollte das Controlling aber immer genauer wissen, was ich mit meinem Budget mache. Mal wurde es abgesegnet, mal revidiert. Es war nicht zielführend mit Leuten, die ein ganz anderes Ziel hatten, darüber zu verhandeln, was man denn nun machen darf und was nicht. Dadurch wurde kein einziger Euro gespart, es wurde alles nur aufwendiger. ‹

(Medien)

› Jeder – vom Abteilungsleiter bis zum Bereichsleiter – hat seinen eigenen Controller. Als dann Kostensenkungsprogramme gefahren wurden, strich man alle möglichen Stellen. Nur nicht die Controller! In der Administration rettet halt jeder seinen eigenen Arsch – und ein Controller erklärt der nächsten Controllerebene, warum er unverzichtbar ist. Das Ergebnis: Operative Leute, die wirklich umsatzfördernd waren, wurden abgeschafft. Und gleichzeitig stellte man fest: Oh, wir haben ja 181 Controller! ‹ (Handel)

› Wenn es nicht so läuft, wie es soll, dann ist es immer am Vertrieb, die Dinge zu richten. Wir Vertriebler sind die letzte Hoffnung! Nun meinen aber manche, dass wir alleine leider zu doof seien, in ausreichender Menge zu verkaufen, dass wir »Hilfe« bräuchten. Also siedelte man im strategischen Controlling eine ganze Truppe von Leuten an – 50 sind das mittlerweile! –, die den ganzen Tag nichts anderes machen, als uns »ambitionierte« Ziele zu setzen. Und wenn wir die erreichen, dann fragen die uns: »Warum habt ihr eigentlich nicht 20 Prozent mehr verkauft?« ‹

(Automobilbranche)

Ich merke, dass ich langsam unruhig werde. Das Meeting läuft nun schon seit anderthalb Stunden; und ich habe auch noch etwas anders zu tun, als ewig hier herumzusitzen! Mein Budget ist längst durch. Dank meiner umfassenden Vorbereitungsarbeiten (zwei Ordner, je 17 Zentimeter dick!) habe ich nicht nur ein moderates Ziel, sondern auch eine massive Erhöhung meiner Investitionsmittel bekommen. Doch anstatt meinen Leuten das freudige Ergebnis mitteilen zu können, muss ich den anderen bei ihren langatmigen, schwachsinnigen Auseinandersetzungen mit den Erbsenzählern zuhören. Einfach aufstehen und hinausgehen geht leider nicht, das verbietet die Etikette. Also lese ich unterm Tisch am Smartphone meine E-Mails ...

Je nach Studie und Schätzung verbringen Topmanager zwischen zwei Drittel und 80 Prozent ihrer (nicht ganz billigen) Arbeitszeit in Besprechungen wie dieser. Zahllos die Initiativen, diese Sitzungen produktiver zu gestalten, zu kürzen oder sie gleich ganz abzuschaffen. Erfolg gleich null! Alle stöhnen über die vielen Meetings, aber trotzdem meeten alle die ganze Zeit. Ich glaube, das kommt daher, dass Sitzfleisch mit Fleißigkeit verwechselt wird. Fleiß ist in unseren Breiten eine geschätzte Tugend und so schön messbar. Schon der grünohrigste Junior-Controller schafft es, abgesessene Meetingstunden zu zählen: Wer ausdauernd meetet, ist fleißig und fleißig ist gut. Egal, was dabei herauskommt.

Das Monster Meeting

› In exzessiven Meetings werden die Dinge zerredet. Es ist überhaupt nicht effizient, dass wir jeden Tag zehn Stunden in Meetings sitzen und dann noch viel mehr Stunden damit verbringen, all diese Meetings vor- und nachzubereiten. ‹

(Beratungskonzern)

› Es kam die Unart auf, achtstündige Monster-Meetings abzuhalten. Die Leute kamen nur kurz für ihren Auftritt herein und gingen dann wieder. Es war ein ständiges Kommen und Gehen. Manche saßen länger im Raum und bearbeiteten ihre E-Mails, bis sie endlich an die Reihe kamen. Da saßen dann 25 Leute, von denen 24 auf ihren Laptop starrten. ‹

(Automobilbranche)

› Im Schnitt verbringe ich gut 90 Prozent meiner Zeit am Telefon, in irgendwelchen Meetings per Telefon. Manchmal von 8.00 Uhr morgens bis 8 Uhr abends. An solchen Tagen treffe ich niemanden persönlich, sondern lebe in einer vollkommen virtualisierten »Conference-Call-Welt«. ‹

(Banken & Versicherungen)

› Bei der jährlichen Mitarbeiterzufriedenheitsumfrage kam heraus, dass es bei uns ein »Kommunikationsdefizit« gäbe. Also entschied unsere Chefin, unsere Abteilungsmeetings nicht mehr monatlich, sondern wöchentlich abzuhalten – allerdings ohne etwas an deren Inhalt zu ändern. Eine echte Zeitverschwendung!
Ein Jahr später verabredeten wir, dass wir bei der neuerlichen Zufriedenheitsumfrage alle geschlossen »gute Kommunikation« eintragen würden. Es funktionierte: Die wöchentlichen Abteilungsmeetings wurden wieder abgeschafft. ‹

(IT-Branche)

11.00 Uhr, Kurzer Jour fixe mit der Prozess-Polizei

Weil Konzerne Zahlen lieben, lieben sie auch Prozesse! Prozesse sind so herrlich mess-, plan- und berechenbar. Prozesse sind das in Zahlen gegossene Tagewerk im Konzern. Insofern ist es wenig verwunderlich, dass bei uns eine ganze Abteilung ausschließlich damit beschäftigt ist, neue Prozesse zu »designen«, alte zu »optimieren«, sie IT-technisch »zu verankern« und alles zusammen im Unternehmen »auszurollen«. Ohne Prozesse geht bei uns gar nichts! Aber mit Prozessen leider oft auch nicht.

Irgendwie hat es Klaus-Günther, der Leiter der Prozesstruppe, geschafft, diesen Jour-fixe-Termin bei mir zu bekommen. Memo an mich selbst: »Maria rügen, dass sie das zugelassen hat!« Es gibt einen guten Grund, Besprechungen mit Klaus-Günther mit allen Mitteln zu vermeiden: Der Mann ist der langweiligste Gesprächspartner, den man sich vorstellen kann. Er ist so bemüht korrekt, dass Meetings mit ihm ein steter Kampf gegen das Zwangskoma sind. Gepaart mit seinem beinahe kindlichen Übereifer werden Termine mit »K-G, mit Bindestrich!«, wie er sich selbst gerne vorstellt, wie ihn aber letztlich niemand nennt, zu wahren Marterstunden.

Noch bevor er sich überhaupt hingesetzt hat, beginnt er schon mit seinem Sermon: Es häuften sich die Fälle, wo Verträge mit Zulieferern von fünf, sechs oder sogar sieben Personen im Haus unterschrieben werden müssen, bevor endlich bestellt werden kann. Ein klarer Fall für Klaus-Günthers »Prozess-Polizei« ... Fast niedlich, wie enthusiastisch er darlegt, was seine Truppe am Bestellprozess zu »optimieren« gedenkt, damit in Zukunft trotz weniger Unterschriften überkorrekt bestellt werden kann. Ein Wunder, dass er überhaupt noch schlafen kann, so wie ihn dieses Thema umtreibt! Ich muss höllisch aufpassen, dass Klaus-Günther die seriöse Manager-Paul-Hecht-Maske zu sehen bekommt, die er sich angesichts der »Gravität« seiner Ausführungen unzweifelhaft erwartet, und ich nicht einfach laut loslache.

Klaus-Günthers Problem ist auch diesmal, dass seine Prozesstruppe zwar durchaus gute Ideen, aber leider kein Budget hat. Und wie man weiß: Schwanzus Longus schlägt Schwanzus Kurzus. Kein Budget, keine Durchsetzungspower! Auch mit den allerbesten Argumenten wird der arme Klaus-Günther keinen einzigen unterschriftswütigen Abteilungsleiter dazu bewegen können, auf seine Unterschrift zu verzichten, wenn der partout unterschreiben will. Ihre Macht schlägt die Ohnmacht der »Prozess-Polizei« allemal. Dazu kommt: Wenn sechs oder sieben Leute etwas unterzeichnen, dann sitzen die alle im gleichen Boot und schützen sich gegenseitig. Keiner muss die Verantwortung alleine tragen, und jeder kann sich auf Kosten der anderen herausreden, wenn etwas schief läuft! Angenehme Sache. Bloß nicht »effizient re-designen«! Es wird sich also auch in Zukunft nichts ändern: Für die Bestellung eines billigen Rechners werden wir weiterhin sieben Unterschriften von sieben verschiedenen Bereichs- und Abteilungsleitern verlangen ...

Nichtsdestotrotz sichere ich »K-G, mit Bindestrich!« natürlich meine vollste Unterstützung bei seinen wertvollen Bemühungen zu. Aber nur unter der Voraussetzung, dass meine Unterschrift jedenfalls – wie auch immer die Sache ausgeht – unabdingbarer Teil des Bestellprozesses bleibt. So wie Klaus-Günther guckt, hört er das nicht zum ersten Mal. Egal! Besprechung vorbei, in nicht einmal 15 Minuten. Das nenne ich prozessuale Effizienz!

› Wenn du eine Reise buchst, musst du einen Standardprozess einhalten. Du kannst nicht einfach hingehen und dir selber den günstigsten Flug raussuchen. Oh nein … Du musst das mit einer bestimmten Fluglinie machen. Wahrscheinlich würdest du im Internet einen günstigeren oder zeitlich passenderen Flug finden. Aber da das der Prozess nicht kann, darfst du das nicht. ‹

(Automobilbranche)

› Wir sollten bei einem Kunden diesen Prozess verbessern und luden zwei seiner Sachbearbeiter zu einem Workshop ein. Die beiden hatten seit Jahr und Tag in diesem Prozess »zusammengearbeitet«: Der eine füllte wochenlang ein kompliziertes Formular mit detaillierten Daten, bevor der andere das ebenso lange nachprüfte. In unserem Workshop sprachen die beiden offenbar erstmals direkt miteinander.

Sachbearbeiter Eins erklärte, wie mühevoll die Datensammlung sei. Darauf Sachbearbeiter Zwei: »Aber warum sammeln Sie die denn? Meine Überprüfung ist ja mindestens ebenso aufwendig!« Darauf Sachbearbeiter Eins, etwas verschnupft: »Na ja, ich dachte, Sie brauchen das.« Worauf Sachbearbeiter Zwei schlicht »Nein« antwortete.

Die hatten einander jahrelang zugearbeitet, ohne jemals auf die Idee zu kommen, diesen riesigen Aufwand zu hinterfragen. ‹

(Beratungskonzern)

› Die Prozesse einer großen Firma haben auch Vorteile! Unsere Mitarbeiter sagen beispielsweise: »Ich schätze besonders, dass mein Gehalt pünktlich am 29. überwiesen wird!« Dank automatisierter Prozesse im Personalwesen wird deren Geld zuverlässig und unabhängig davon überwiesen, ob die Personaler im Urlaub, krank, gut oder schlecht aufgelegt sind. Für Mitarbeiter, die am Band arbeiten und 1.200 Euro bekommen, ist das enorm wichtig: Die müssen schließlich am 1. des Monats pünktlich ihre Miete bezahlen. ‹

(Automobilbranche)

› Unsere Teeküche wurde jahrelang von einer Reinigungsfirma gereinigt. Das klappte auch sehr gut, nur der Kühlschrank wurde nie sauber gemacht. Auf meine Nachfrage hat sich herausgestellt, dass es einen eigenen »Kühlschrank-Reinigungsprozess« gibt! Dieser sieht vor, dass im Intranet ein Antragsformular mit der »Bitte um Reinigung des Kühlschranks« ausgefüllt und an die Gebäudeverwaltung gefaxt werden muss, wo es geprüft wird, woraufhin die Reinigungsfirma einen Kostenvoranschlag zu erstellen hat, den ich als Budgetverantwortlicher zur Freigabe bekomme. Wenn ich die erteile, bekommt die Reinigungskraft eine E-Mail, dass nun auch der Kühlschrank ausgewischt werden soll. Einmal Kühlschrankauswischen kostet auf diese Weise übrigens 20 Euro. Und das alles für einen Putzvorgang, der nicht einmal fünf Minuten dauert. ‹

(Telekommunikation)

Vor dem Mittagessen bleibt noch Zeit, ein paar E-Mails zu lesen. Bis zu 300 neue landen jeden Tag in meiner Inbox. Im Vorzimmer kann Maria meine Mails zwar mitlesen und sie sortiert die unwichtigsten auch vorab aus; es bleiben aber leider immer noch viel zu viele übrig.

Ich weiß nicht, wie andere es machen, aber ich überfliege die Überschriften, lese ausschließlich Mails von Vorständen und wichtigen Geschäftspartnern und lösche alle anderen ungelesen. Wenn jemand wirklich dringend etwas braucht, wird er sich noch einmal melden. Problem gelöst!

E-Mails, Priorität hoch!

› [Aus einer E-Mail:]
»Wir haben zahlreiche Handelspartner im Status ›Unregistriert‹. Sobald die Registrierungsfrist abgelaufen ist, werden diese Partner ihre GHPV-ID verlieren und können nicht länger für VKZ benutzt werden, da OTM per GHPV-ID allokiert.« ‹

(IT-Branche)

› Aus der Abteilung »Global Safety« kam eine E-Mail: Der Notfallplan für die deutschen Büros sei aktualisiert worden. Das waren 32 Seiten, von denen sechs Seiten – kein Scherz! – das korrekte Verhalten bei Tsunamis, Vulkanausbrüchen und Erdbeben beschrieben ... Sehr gut auch die getrennten Abschnitte »Tornados« und »Hurrikane« – als würde man da in Deutschland durcheinander kommen und sich bei dem einen anders verhalten wollen als bei dem anderen. ‹

(IT-Branche)

› [Aus einer E-Mail des Betriebsrats:]
»Liebe KollegInnen!
Wir laden Euch herzlich zu unserer Gratis-Eisverteilung ein. Pro Mitarbeiter wurde ein Betrag von Euro 1,50 für die Eisverteilung festgelegt.
Für die Abrechnung brauchen wir:
– Die Eis-Originalrechnung, welche bis Ende des Monats bei uns eingereicht sein muss.
– Namensliste der MitarbeiterInnen, welche in den Genuss der kühlen Köstlichkeit gekommen sind.
– Kontonummer und Bankleitzahl des Mitarbeiters, der die Rechnung beglichen hat.« ‹

(Telekommunikation)

12.30 Uhr, Lunch mit Dr. Who

2008 gab es im Schweizer Gefängnis Bellechasse eine Meuterei. Einer der Auslöser: Die Insassen fanden die Mahlzeiten der Gefängnisküche »zu klein und zu wenig geschmackvoll«. Es hatte sich wohl noch nicht bis zum Bellechasser Gefängnisdirektor herumgesprochen, dass genügend gutes Essen ein einfaches und wirkungsvolles Mittel gegen Aufstände aller Art ist. Die Quelle dieser taktischen Weisheit, einer der damaligen Gefängnisköche, steht heute in unserer Kantine hinterm Herd. Eine kluge Personalentscheidung, denn auch für Konzerne gilt: Essen gut, fast alles gut! Mich erstaunt stets aufs Neue, wie leicht die Leute zufriedenzustellen sind ... Gib ihnen eine nette Salatbar und möglichst große Portionen vom Hauptgericht und sie akzeptieren sogar einen Personalabbau vom Umfang der »Rauen See«. Kein Wunder, dass der wöchentliche Menüplan die – mit Abstand – meistgeklickte Seite in unserem Intranet ist.
Neben der allgemeinen Kantine gibt es auch noch die kleine, versteckte Kantine für Führungskräfte, wo mir Maria einen Tisch für meinen Lunchtermin reserviert hat. Es sei unter ihrer Würde, für einen Chef zu arbeiten, der in der »Kantine der Gemeinen« isst, erklärte sie mir: »Frage von Status, Mr. Paul!« Und wie so oft beugt sich Mr. Paul ihrem Willen ...

Mahlzeit!

› Der soziale Wert der Kantine als spontaner Rückzugsort und Treffpunkt zum Networking ist nicht zu unterschätzen! ‹ (Handel)

› Den ersten Kulturschock hatte ich, als ich in unsere Massenkantine kam: Da essen 3.000 Leute auf einmal! ‹ (Automobilbranche)

› Die Geschäftsführung hat ihre eigene Kantine, die eher einem teuren Restaurant gleicht: Sehr gediegen, sehr edel, sehr ruhig. Mit Tischdecken, Blumen und leiser Musikbeschallung. ‹ (Industrie)

› Der Vorstand versuchte sich in Kostenreduzierung und ermittelte jedes noch so kleine Ersparnispotenzial. Das ging bis zur Streichung des kostenlosen Mineralwassers. An den Privilegien des Vorstands wurde aber nicht gerüttelt. Der separate Raum zur Bewirtung des Vorstands, mit eigenem Serviceteam und einer Auswahl an mehrgängigen Menüs, blieb. Dieses Privileg kam bei den »normalen« Mitarbeitern nicht gut an. Weniger wegen des allgemeinen Sparzwangs – man empfand es vielmehr als traurig, dass sich der Vorstand nie am Mittagstisch der Kollegen blicken ließ. ‹ (Medien)

Eine der schwierigsten Herausforderungen für jeden Konzern ist die möglichst reibungslose Organisation des Zusammenspiels dieser vielen Tausend Arbeitskräfte. So hilft es beispielsweise ungemein, wenn ein Mitarbeiter weiß, wohin er gehört. Dazu werden Hierarchien eingezogen sowie Teams, Gruppen, Abteilungen, Hauptabteilungen, Divisionen, Segmente und Bereiche gebildet, die ihrerseits wiederum Schwester-, Tochter-, Länder-, Regions- und Holdinggesellschaften zugeteilt sind. Wenn dann auch noch »quer« – nach Produktkategorien und Zielsegmenten – organisiert wird, dann wird das Organisationspuzzle selbst für einen alten Hasen wie mich etwas »unübersichtlich«. Das Schlimmste an solch komplexen Organisationen sind aber immer die unzähligen neuen Jobs an den zahlreichen Kreuzungspunkten: »Head of Sonstwas«, »Leaderin of bla bla bla« oder »Vice President Whatthehell«. Versorgungsposten für weggelobte Mitstreiter, ohne Budget und Team (Sie wissen schon: Schwanzus Kurzus), die ausschließlich der Gesichtswahrung am Karriereende dienen und alles noch viel langsamer, mühevoller und undurchschaubarer machen, als es ohnehin schon ist. Ich habe den Versuch längst aufgegeben zu verstehen, wer bei uns jetzt genau für was zuständig ist und warum. Ich kann mir die Namen und Gesichter all der Pseudowichtigen beim besten Willen nicht merken. Hauptsache, die Leute wissen, wer Paul Hecht ist. Das reicht! In meinem Kalender ist nun ein Lunch mit jemandem eingetragen, den ich meines Wissens noch nie getroffen habe. Angeblich ebenfalls ein »echter« Bereichsleiter, auf derselben Stufe wie ich, mit genauso viel Macht und Geld. Auch Maria, die für so etwas üblicherweise ein gutes Gedächtnis hat, schüttelte heftig den hübschen Lockenkopf, als ich sie fragte, ob wir diesen Dr. W. kennen. Zumindest hat sie herausgefunden, dass »Dr. Who?« irgendeinen obskuren Teilbereich in der IT leitet. Und viel mehr muss man nicht wissen, um sagen zu können: Das wird jetzt sehr mühsam! Ein Tête-à-Tête mit einem IT-Nerd, egal, ob Bereichsleiter oder nicht, fühlt sich immer seeeehr lange an. IT-ler scheinen einem Paralleluniversum entsprungen zu sein, mit anderen Umgangsformen, seltsamen Gebräuchen, irrelevanten Sorgen und Nöten, stets dargebracht in einer hochgradig unverständlichen Sprache. Zum Glück serviert man in der Führungskantine einen akzeptablen französischen Roten, damit wird dieser Lunch halbwegs erträglich sein.

Mensch und Maschine

› Alle schimpften über die IT: Dass die 100 Jahre zu alt sei, dass es nur Probleme gebe, dass niemals etwas richtig laufe. Und sie hatten recht! ‹

(Handel)

› Unser IT-System ist so alt, dass laufend Leute, die eigentlich schon in Pension sind, wieder geholt werden, weil es hier keinen mehr gibt, der mit diesem Uraltsystem umgehen kann. ‹ (Handel)

› Jedes Mal, wenn wir eine neue Firma gekauft hatten, gingen unsere IT-Leute zu deren IT-lern und sagten: »Ihr lauft ab jetzt über unser zentrales System!« Darauf die: »Das ist nicht euer Ernst! Eure IT ist total schlecht, während unsere erfolgreich funktioniert.« Egal, die mussten auch alle auf unser System. ‹ (Handel)

› Mein Computer funktionierte nicht richtig. Ich rief bei der IT an und nach einiger Zeit kam die Diagnose per E-Mail: »Level 8 Problem!« Nichts sonst, einfach nur »Level 8 Problem«. Ich rief wieder an: »Was heißt das?« Antwort: »Das heißt, Sie haben einen Benutzerfehler begangen. ›Level 8‹ sind die Benutzer.« Ich hätte es besser wissen sollen, fragte aber dennoch: »Und wer ist ›Level 1‹?« Antwort: »Der Zentralrechner.« Das ist die Weltsicht der IT: Der zentrale Rechner ist die Nummer 1, dann kommt ganz viel anderes und erst ganz hinten, an achter Stelle, folgen die Benutzer. ‹ (Industrie)

› Die IT spielte am Wochenende ein neues Release auf – und plötzlich ging gar nichts mehr. Die meisten Systeme standen, so auch die zentrale Abrechnung. Am Montag konnten wir nichts verkaufen, da keine Rechnung erstellt werden konnte. Eine Krisensitzung jagte die nächste, die Stimmung war extrem gereizt. Im Zweistundentakt kamen »IT Status Updates«: Welche Systeme endlich wieder liefen, wenn auch fehlerhaft. Doch das Rechnungswesen stand weiter still. Der Dienstag verging und der Mittwoch. Am Donnerstag kam dann die Statusmeldung, die das Fass zum Überlaufen brachte: »Wir freuen uns mitteilen zu können, dass die Situation von uns heute stabilisiert wurde. Doch einiges an Arbeit liegt auch noch vor uns, darunter die zentrale Abrechnung.« Da drehten die Verkäufer, die noch immer nichts verkaufen konnten, durch! ‹ (Telekommunikation)

› Unser IT-Helpdesk war eine einzige Katastrophe. Die hatten nur ein Ziel: Möglichst viele Anfragen erledigen, egal wie. Hatte man ein Problem, dann schickten die einem einen Link oder irgendeine englische Erläuterung und notierten: »Anfrage erledigt«. Egal, ob das Problem gelöst war oder nicht. ‹

(Handel)

› Im System gibt es ein Feld, wo jeder neue Geschäftsabschluss einem Kundenbetreuer zugeordnet werden kann, damit dieser seine Provision bekommt. Wenn da nichts eingetragen wird (was öfter passiert), dann läuft das automatisch bei unserem IT-Team in Indien auf. Ohne irgendjemanden zu informieren, ordneten die findigen Inder alle »betreuerlosen« Fälle einfach einem erfundenen deutschen Namen zu: Ein gewisser »Sven Berg« machte so seit Jahren beeindruckende Millionenumsätze.
Vergangenes Jahr fing in unserer schwedischen Niederlassung tatsächlich ein Herr Berg, Vorname Sven an. Ab da buchten die Inder alle »namenlosen« Deals brav nach Schweden. Ich fand das erst vor Kurzem per Zufall heraus und verbringe nun sehr viel Zeit damit, die seltsamen Prozesse unserer indischen IT zu korrigieren und damit unsere eigenen Zahlen zu retten. ‹

(IT-Branche)

Ich weiß noch immer nicht, was Dr. Who eigentlich von mir will. Das mag auch daran liegen, dass ich nicht hinhöre, wie er da ohne Punkt und Komma vor sich hin brabbelt. Irgendetwas im Zusammenhang mit dem »Raue See«-Programm, von dem jetzt anscheinend auch endlich die IT Wind bekommen hat und das ihm nicht passt. Ich trinke den ausgezeichneten Wein, schenke ihm die Interessierter-Paul-Hecht-Maske und sehe der neuen Servierkraft zu. Die ist blond und ungleich spannender als alles, was er da erzählt. Sie blickt mich an, ich lächle zurück. Wir verstehen uns, sie mag sicher auch keine IT-ler …

Unsere IT ist ein besonders plakatives Beispiel für ein »Silo«. Als Silos werden jene Konzerneinheiten bezeichnet, die ihre Interessen egoistisch und brutal durchboxen, ohne auf die Gesamtziele des Unternehmens Rücksicht zu nehmen. Im Laufe der Zeit werden Silageverwalter wie dieser Dr. W. zu wahren Meistern darin, sich in ihren kleinen Königreichen hinter dicken Mauern zu verbarrikadieren, um nur ja nichts von ihrer erbärmlichen Micky-Maus-Macht abgeben zu müssen. Gerade bei Einheiten wie der IT, die ja nur existiert, damit sie uns andere unterstützt, ist das Errichten von Silos natürlich eine Katastrophe. Bitten Sie mal einen dieser »IT-ioten« um schnellere Rechner, bessere Systeme, mehr Datenpower für Analysen. Er wird Ihnen gerne, ausführlich und wortreich erklären, warum das sicher NICHT geht! Nicht sein Silo, nicht sein Problem!

Silos

› Ich persönlich glaube, dass die Grenze in unserer Branche irgendwo zwischen 30.000 und 40.000 Mitarbeitern weltweit liegt. Danach gibt es Silos, in denen ökologische Nischen gedeihen, aus denen Königreiche werden. ‹

(IT-Branche)

› Obgleich ich jetzt seit zweieinhalb Jahren hier arbeite, kenne ich von unserer Schwesterfirma gerade mal zwei Leute persönlich, mehr nicht. Da gibt's keinen Kontakt! ‹

(Medien)

› Wir müssten uns eigentlich längst neu aufstellen, doch die althergekommenen Regionskaiser wehren sich mit Händen und Füßen gegen jede Art von Re-Organisation. Sie haben Angst, dass die Macht ihrer kleinen Kaiserreiche beschnitten würde. Seither wird hier ein Grabenkampf geführt, wie er im Buche steht! Alles steht still, weil nicht definiert ist, wofür die Leute jetzt eigentlich zuständig sind. Es ist so frustrierend! ‹

(Beratungskonzern)

› Viele Jahre war unser Ansatz: Für unterschiedliche Produkte gibt es unterschiedliche Produktionen. Das heißt, man baute »Firmen in der Firma« und ließ jede für sich ergebnisverantwortlich agieren. Die Leiter der einzelnen Produktionen sind inzwischen so stark, dass nicht einmal der zentrale Vorstand gegen sie ankommt. Obwohl alle ein ähnliches Produkt machen, drifteten die einzelnen Produktionen mit der Zeit völlig auseinander: von technologisch hoch modern bis altertümlich. Das totale Chaos! ‹

(Industrie)

› Bei unserer Mini-Tochterfirma saßen gerade mal 20 Leute. Und trotzdem kämpften dort bereits einzelne »Abteilungen« gegeneinander. Da bekriegten sich drei Mann im Zimmer A mit zwei Mann im Zimmer B. Dieses Silo-Zeugs fing dort schon bei 20 Leuten an. ‹

(Telekommunikation)

› Bei uns sind Marketing und Vertrieb strikt getrennt. Die können sich überhaupt nicht leiden, die reden nicht miteinander. ‹ (Handel)

Aus den Augenwinkeln sehe ich einen der Oberwichtigen aus der Zentrale an einem der Ecktische in ein intensives Gespräch mit dem CEO unserer Landesgesellschaft vertieft. Warum hat er mich nicht begrüßt? Es bringt wertvolle Punkte, wenn der CEO sieht, welch gute Kontakte man in die Zentrale hat. Vor noch nicht einmal zwei Wochen habe ich diesen Top-Clown nach allen Regeln der Kunst hofiert, drei Tassen von Marias Spezialespresso inklusive. Und jetzt ignoriert er mich einfach? Memo an mich selbst: »Maria soll ihm das nächste Mal anstelle seines geliebten Espresso Macchiato den Aufguss vom Vortag servieren!«

Das Verhältnis Konzernmutter – Konzerntochter ist eine besonders heikle und spannungsgeladene Silo-Variante. Jeder in der

Zentrale, der etwas auf sich hält, schimpft auf die doofen Landesgesellschaften, die so gar nicht auf die weise Konzernmutter hören wollen. Das gehört dort quasi zum guten Ton. Die Landesgesellschaften ihrerseits verachten die versnobten Ignoranten »im Elfenbeinturm« (eine Art Luxus-Silo), die null Ahnung von den Herausforderungen auf den lokalen Märkten haben. Die Führungskräfte der Landesgesellschaften halten sich für die eigentlichen Herrscher im Konzernreich und versuchen die Zentrale entweder zu ignorieren, zu umgehen oder für ihre Zwecke auszunutzen. Am besten alles zusammen. Auch unser Landes-CEO ist da keine Ausnahme, deswegen sitzt er jetzt da und plaudert so angeregt mit dem Zentral-Heini und scherzt und lacht. Im persönlichen Gespräch sind ja alle immer die besten Freunde: Man will es sich schließlich mit niemanden verscherzen, ein dicht gewebtes Netzwerk hat noch keiner Karriere geschadet – im Gegenteil. Wer weiß, wo der Gesprächspartner eines Tages landen wird! Umso ärgerlicher, dass mich der Typ aus der Zentrale noch immer keines Blickes würdigt ...

Die Mutter

› Manchmal wird in der Zentrale weder verstanden noch akzeptiert, was bei uns vor Ort passiert. Und durch das Wissen, dass man – wenn etwas nicht funktioniert – gleich »hohen Besuch« von der Mutter aus der Zentrale bekommt, wird noch zusätzlich künstlicher Druck aufgebaut.
Je größer ein Projekt, umso mehr Aufhebens wird darum gemacht. Bei den ganz großen Projekten kommen sogar die Amerikaner! Und wenn die Amerikaner kommen, dann kommen auch zahlreiche Leute aus der Europazentrale. Und wenn die kommen, dann wird mein Geschäftsführer nervös. Im Endeffekt wird viel unnötiger Bohei gemacht, mit hohen Kosten und enormer Abstimmerei. ‹

(Medien)

› Von Zeit zu Zeit regneten von unserer weltweiten Zentrale Projekte zu uns herunter. Sie wurden missmutig aufgenommen, denn entweder passten sie nicht für unseren Markt, waren mit unzureichenden Budgets ausgestattet oder krankten an anderen Dingen. Der Political Correctness wegen konnte oder wollte jedoch niemand der Zentrale widersprechen und so wurde alles widerwillig durchgezogen. Wir nannten sie die Wombat-Projekte, für »Waste Of Money, Brain And Time«. ‹

(IT-Branche)

› Der kulturelle Einschnitt kam, als uns die Konzernmutter zu 100 Prozent übernahm und überall »Konzernsoldaten« eingesetzt wurden: Lauter Politiker und Netzwerker, aber absolut keine Ahnung vom Markt! Die kamen von den immer gleichen Business Schools, hatten ein, zwei Jahre einen tadellosen Job als Aktentaschenträger gemacht und dann wurde ihnen gesagt: »Jetzt wechseln Sie auf eine Managementposition in unsere Tochtergesellschaft!« Und die wollten uns dann erklären, wie unser Geschäft zu funktionieren habe ... ‹

(Medien)

› Die Hauptaufgabe unseres Finanzchefs wäre eigentlich, uns als Tochterunternehmen eine solide Zukunft im Gesamtkonzern zu sichern. Rein karrieretechnisch ist es für ihn jedoch wesentlich vorteilhafter, brav alle Vorgaben der Zentrale umzusetzen – unabhängig davon, ob uns diese nun nützen oder schaden. Klingt nicht wirklich logisch, ist aber so!
Vergangenes Jahr entschieden wir, nicht den gesamten Gewinn an die Zentrale abzuliefern, sondern einen Teil davon zur Finanzierung dringender Netzausbauten zu nutzen. Unserem lokalen Finanzchef bereitete das schlaflose Nächte. Was sollte er tun? Das Geld hier investieren und damit unsere Strategie umsetzen? Oder möglichst viel abliefern und sich damit bei den Zentralisten einschmeicheln? Dass er solch eine Entscheidung überhaupt treffen muss, ist ein immanenter Fehler im »System Konzern«! ‹

(Telekommunikation)

› Wir hatten zwei Muttergesellschaften, denen wir zu je 50 Prozent gehörten. Wir waren quasi wie ein Scheidungskind. Wenn man etwas brauchte, ging man zuerst zu der einen und bat darum. Sagte die »Nein!«, dann gingen wir zu der anderen und sagten: »Die haben ›Nein‹ gesagt, sagt ihr bitte ›Ja‹?« Das funktionierte erstaunlich gut. ‹

(Medien)

Maria ruft mich an: »Mr. Paul, dein nächster Termin hat schon begonnen!« Eigentlich bin ich fast immer pünktlich, denn wenn ich schon erwarte, dass jeder meiner Mitarbeiter eine Uhr lesen kann, dann darf ich nicht selber die Ausnahme sein. Aber gegen den schweren Wein zur Mittagszeit in Kombination mit der Ausstrahlung der blonden Serviererin kommen leider die besten Vorsätze nicht an. Ein letzter Blick zum pseudoverliebten CEO-Zentralisten-Pärchen (das mich noch immer rüde ignoriert), dann mahne ich Dr. W mitten im Satz zum Aufbruch: »Das war wirklich sehr interessant! Vielen Dank und hoffentlich bis bald!«. Er sieht mich an, als ob ich gerade seinen Lieblingsrechner zum Absturz gebracht hätte ...

Die Höflichkeit der Könige

› Wir hatten ein ziemlich einfaches System, um sicherzustellen, dass alle pünktlich zu den Meetings erschienen: Wer als Letzter kam, musste vor allen anderen eine Strophe aus einem Lied singen. Die Leute sind sogar gerannt, um pünktlich zu sein. ‹

(Internetbranche)

› Es gab die Regel, dass man für jede Minute, die man zum Meeting zu spät kam, einen Euro in ein Sparschwein einwerfen musste. Das ging so lange gut, bis der Chef selber eines Tages zu spät kam: Er sehe überhaupt nicht ein, dass er jetzt etwas zahlen müsse. Damit war das schöne System erledigt. ‹

(Automobilbranche)

Questions
Max Hermann
Veronna Mann
Interaction Design,
Chris Müller
Steffi Bergmann
Viktor Zimmermann
Alexander Kappel
Interaction Design,

Montag, Nachmittag

13.15 Uhr, Die Stunde der Wahrheit

Ich haste durch die Lobby und nehme einen der »normalen« Lifte zur Personalabteilung. In einem bunt angemalten Besprechungsraum wartet bereits ein Bewerber auf mich und Bewerbungstermine haben für Mr. Paul immer höchste Priorität! Wenn Sie mich fragen, ist die Auswahl passender Mitarbeiter und die gelungene Zusammenstellung eines Teams eine der wichtigsten Aufgaben eines Managers überhaupt. Es ist allerdings auch eine Kunst, die nur sehr wenige beherrschen ...

Zunächst muss man sich natürlich erst mal überlegen, wie viele Stellen man überhaupt schaffen will. Neben dem Budget ist Mannschaftsstärke der – mit Abstand – wichtigste Machtindikator im Konzern. Je größer das Team, umso gewichtiger der Bereich (Sie erinnern sich: Schwanzus Longus). Doch gute Leute kosten gutes Geld und fressen dein Budget schnell wieder auf. Darum gilt es sorgfältig abzuwägen und ich denke, dass ich mit meinen 400 Leuten eine akzeptable Balance gefunden habe. 200 Mann können leicht mickrig wirken, alles über 500 erscheint irgendwie anmaßend. 400 ist die perfekte Zahl!

Zum anderen stellt sich – zumindest bei leitenden Funktionen – stets die schwierige Frage nach der Qualifikation: Fachexperte oder Führungsfigur? Konziliant oder hart? Jung und dynamisch oder alter Hase? Niemand will ausschließlich Leute um sich haben, die einem nach dem Mund reden. Ich brauche Mitdenker, Vordenker, Querdenker! Andererseits will ich aber auch keine Klugscheißer, die permanent alles hinterfragen und mich in end-

und sinnlose Diskussionen verstricken, die wertvolle Zeit und Nerven kosten, aber letztlich nichts bringen. Gewichtige Fragen, für deren Klärung ich nun gerade einmal 60 Minuten Zeit haben werde. Klar ist nur: Bei aller Wertschätzung für die vielgepriesenen »High Potentials« – zu gut darf auch kein Bewerber sein! Andernfalls verfallen die in maßloser Selbstüberschätzung noch auf die Idee, an meinem eigenen Stuhl die Säge anzusetzen. Und das gilt es um jeden Preis zu unterbinden! Dann vielleicht doch lieber ein Rudel unterwürfiger Lakaien ...

Die Vorauswahl unter den Kandidaten traf wie immer die Personalabteilung; nach dem Schnellstudium Dutzender Lebensläufe und mehreren Vorrunden werden mir nur noch die zwei Topkandidaten präsentiert. Das ist praktisch und hat im Übrigen auch den netten Nebeneffekt, dass sich die Schuld für peinliche, aber leider nicht immer vermeidbare Fehlbesetzungen – im Fall des Falles – elegant auf die Personaler abwälzen lässt.

Drum prüfe, wer sich bindet

› Es kommt öfter vor, dass du zwar freie Stellen hast, aber einfach nicht die richtigen Leute bekommst. Es kamen zum Beispiel Leute, die hatten nicht einmal einen Führerschein! Anderen mussten wir erst einmal erklären, wo bei einem Auto der Blinker ist. ‹

(Automobilbranche)

› Als Teil des mehrtägigen Bewerbungsprozesses musste ich bei einem sogenannten Assessment Center mitmachen. Unter den Augen von Führungskräften und Psychologen mussten wir unterschiedliche Aufgaben lösen. Eine davon lautete: »Sie haben 60 Minuten Zeit, um einen der Teilnehmer aus ihrer Gruppe hinaus zu wählen!«

Es war völlig klar, dass der Hinausgewählte das Assessment Center nicht bestehen würde. Der, den es schlussendlich traf, weinte beim Hinausgehen. ‹

(Beratungskonzern)

› Das Rekrutierungsverfahren in amerikanischen Unternehmen zeichnet sich dadurch aus, dass sehr, sehr viele Gespräche geführt werden: Mitunter sind es bis zu 20, bevor jemand eingestellt wird! Bei so vielen Gesprächen steigen natürlich immer mal wieder Bewerber aus. Ökonomisch betrachtet ist das nicht unbedingt sinnvoll! ‹

(Internetbranche)

› Ich hatte 18 Interviews, bevor ich eingestellt wurde. Das ging über Wochen. Ich hatte das Gefühl, als ob sie mich gar nicht wirklich wollten. ‹

(Banken & Versicherungen)

› Mir waren jene Bewerber, die auf die Frage der Personalabteilung, »Wo sehen Sie sich in fünf Jahren?«, eine klare Antwort geben konnten, schon immer suspekt. Wer weiß das schon? ‹

(Telekommunikation)

› Mein Vorstellungsgespräch als junger Produktionsplaner war kurz und beinhart. Man machte mir unmissverständlich klar: »Wenn die Maschinen auch nur fünf Minuten lang stillstehen, dann werden Sie einen Kopf kürzer gemacht! Wenn die Produktion 20 Minuten steht, dann haben Sie danach weder Kopf noch Hände noch Füße!« Genau so haben die das damals gesagt! ‹

(Automobilbranche)

› Ich hatte meinen Lebenslauf da hingeschickt und die riefen mich sehr freundlich an: »Wie wär's, wenn Sie zu einem Gespräch kämen?« Bei Abendessen und Drinks sprachen wir über alles Mögliche: Weltanschauung, Freizeitgestaltung, nur nicht übers Business. Es war höchst unprofessionell! Und nach dem vierten Tequila sagte mein nunmehriger Chef: »Du musst dringend zu uns kommen!«

Damals fand ich das cool. Jetzt, im Nachhinein, frage ich mich natürlich schon, warum mir das nicht zu denken gab ... ‹

(Medien)

› Ich hatte die langersehnte Stelle als »Marketingchef Deutschland« bekommen. Noch bevor es offiziell losging, traf ich mich mehrmals mit meinem zukünftigen Boss, um unterschiedliche Dinge zu besprechen.
Eines Tages rief die Personalabteilung an. Ich dachte nur: »Scheiße, jetzt nehmen die doch jemanden anders!« Doch die Personalchefin überraschte mich mit der Mitteilung, dass man mich nicht als Marketingchef, sondern gleich als »Deutschlandchef« haben wollte. Und sie fügte hinzu: »Ich habe noch nie erlebt, dass jemand befördert wird, bevor er überhaupt angefangen hat!« ‹

(IT-Branche)

Der Bewerber, für den jetzt gleich die »Stunde der Wahrheit« schlagen wird, ist eine Bewerberin! Ich habe der Personalabteilung klare Anweisung gegeben, möglichst immer Frauen zu rekrutieren, denn ich schreibe mir auf die Fahnen, ein Frauenförderer zu sein. Ein bekennender Feminist, wenn man so will. Und das ist mehr als ein Hobby, es ist eine Art Vermächtnis: »Paul half uns die gläserne Decke zu durchbrechen!« sollen sie später einmal sagen.
Die Taten, denen diese Worte folgen werden: Mein Team ist bereits zu mehr als einem Drittel weiblich, damit liege ich klar über dem Konzerndurchschnitt. Noch beeindruckender: Jede zweite Leitungsfunktion wird bei mir von einer Frau ausgefüllt! Jede zweite! Und dann ist da auch noch Maria, ebenfalls weiblich, sehr weiblich sogar! All diese Frauen haben zwei unschätzbare Vorteile: Sie sind gänzlich ungeeignet zum Stühlesägen und bei Gehaltsverhandlungen verkaufen sie sich weit unter Wert. Hervorragende Mitarbeiterinnen, politisch korrekt gefördert, die mir nicht gefährlich werden können und zudem noch spottbillig sind: Win-Win-Win-Win!

Frauenquote

› »Diversity« wird bei uns ganz groß geschrieben! Wir haben eine Schwulen- und Lesbenvertretung, Behindertenzirkel und irgendwas für die Senioren. Dennoch habe ich das Gefühl, dass Diversity nur in einem ganz schmalen Korridor gewünscht ist. Wenn man nämlich als Frau Karriere machen möchte, muss man sich dem männlichen Ton anpassen. Nur eine »männliche Frau« kann bei uns aufsteigen. Echtes Anders-Sein, Frauen mit typisch weiblichen Eigenschaften, sind nicht erwünscht. So weit geht unsere Diversity dann doch nicht ... ‹

(IT-Branche)

› Ich hatte einen Kollegen, der ließ ständig so Dinge raus: »Überlass das logische Denken mir, als Frau kannst du das nicht!« Oder: »Für eine Frau fährst du eigentlich ganz gut Auto!« Oder: »Für diese mühselige Dateneingabe holen wir uns jetzt einfach ein paar Hausfrauen!« ‹

(Automobilbranche)

› Als Projektleiterin musste ich auch die Spesenabrechnungen meiner Mitarbeiter überprüfen. Eines Tages kam eine Abrechnung über ein paar Tausend Euro von irgendeiner XY Betriebsgesellschaft. Als ich nachfragte, stellte sich nach langem Hin und Her heraus, dass ein paar aus meinem Team mit Kunden im Puff gewesen waren. Mir – der weiblichen Führungskraft – hatte niemand etwas davon erzählt. Das war anscheinend gängige Praxis und niemand verstand, warum ich mich so aufregte. ‹

(Industrie)

Großkonzerne sehen sich als Elite des Wirtschaftswesens und daher gilt: Wer dazugehören will, muss erst mal leiden! Aufreibende Selektionsprozesse, Interviewmarathons und tagelange Gehaltspoker sind mythenbehaftete Initiationsriten, die den Ruf der Konzernmanager als auserwählte Führungsfiguren begründen. Die Botschaft lautet: Nur diejenigen, die willens sind alles zu geben, dürfen hoffen, mitmachen zu können!

Mit dem heutigen Termin hat meine Bewerberin die letzte Stufe in diesem Prozess erreicht. Ihr Lebenslauf liest sich beeindruckend: Führungserfahrung, Budgetverantwortung, Auslandsaufenthalte. Dazu ein Foto von einem sehr einnehmenden Lächeln und die Andeutung einer tollen Figur! Gott sei Dank für die Fotos! Lebenslauflesen ist unendlich langweilig und ohne Fotos kaum machbar! Spätestens bei der dritten »teamfähigen, multilingualen« Nachwuchshoffnung, die »in besonderem Maße belastbar" und »neuen Herausforderungen gegenüber aufgeschlossen« ist, schläft auch der motivierteste Nachwuchsförderer ein. Bei uns hält sich hartnäckig das Gerücht, dass offene Stellen in der Kreditorenbuchhaltung eine Zeit lang nachbesetzt wurden, indem die Verantwortlichen einfach Plus- und Minuspunkte für die Fotos von Bewerberinnen vergeben ließen. Darf man natürlich nicht machen, kann ich aber sehr gut verstehen!
Die Bewerberin sieht mich erwartungsvoll an. Das Bewerbungsgespräch selbst war kurz. Ihre Qualitäten sind unbestritten. Sie scheint nicht machtgierig zu sein. Etwas Smalltalk, ein, zwei Fragen zu ihren Hobbys. Und wie vermutet, liegen ihre Gehaltsvorstellungen um einiges unter dem, was wir zu zahlen bereit wären. Um den Schein zu wahren, setze ich die Verständnisvoller-jedoch-besorgter-Paul-Hecht-Maske auf und murmle etwas in der Art von »Tja, das wird schwierig, aber ich will sehen, was ich für Sie tun kann!« Und dann ist das Ding im Sack: Sie hat es geschafft. Herzlich willkommen in meinem Team!

Gehaltspoker

› Das Gehalt war mir eigentlich nicht so wichtig! Ich entschied mich für diese Position, weil ich das Gefühl hatte, dass mein zukünftiger Chef jemand ist, mit dem ich gut zusammenarbeiten kann. Das war für mich das Wichtigste. ‹

(Banken & Versicherungen)

› Die Gehaltsverhandlungen gingen lange hin und her. Die machten so einen »Zinnober«, dass ich dachte, meine Forderung müsse meilenweit über deren Vorstellung liegen. Schlussendlich stellte sich heraus, dass wir die ganze Zeit um plus/minus 1.500 Euro Jahresgehalt gestritten hatten. ‹

(Medien)

› Gehalt war in meinem Leben eigentlich immer Prio B. Ich glaube, das war auch einer der Gründe, warum ich damals hier einen Job bekam: Weil ich wenig Geld verlangte. ‹

(Automobilbranche)

› Im Job bin ich ein sehr guter Verhandler, aber als es um mein eigenes Einstiegsgehalt ging, war ich ganz, ganz schlecht! Ich hatte viel zu sehr auf das dumme Gequassel des Headhunters und die angeblichen Anforderungen an Bewerber gehört. Heute weiß ich, die wollten mir nur das Gefühl geben, ich sei gar nicht so viel wert. Die zogen mich finanziell richtiggehend über den Tisch! Jahre später erklärte der Personalvorstand freundlich lächelnd: »Wenn du damals härter verhandelt hättest, wäre ein Drittel mehr drin gewesen!« ‹

(Telekommunikation)

› Ich hasse es, wenn jemand mit mir Spiele spielt, so nach dem Motto »Sag doch mal, was du verdienen willst!« Dann nennst du irgendeine Zahl und der freut sich, weil du viel zu wenig verlangst. Ist deine Zahl höher, dann macht er einen auf Pseudo-Skandal: »Viel zu viel!« Solche Spielchen erzeugen sofort eine negative Stimmung, denn bei diesen Verhandlungen geht es ja nicht nur ums Geld, sondern auch um Wertschätzung und darum, ernst genommen zu werden. ‹

(Internetbranche)

› Zunächst war mein Gefühl bei den Gehaltsverhandlungen noch sehr gut. Umso seltsamer fand ich den Schlagabtausch, der dann via E-Mail begann. Sie schrieben: »Wir hätten Sie gerne im Team, zahlen aber nur die Hälfte!« Ich antwortete: »Nein! So spannend finde ich das dann auch wieder nicht.« Irgendwann einigten wir uns auf einen Betrag in der Mitte. Und ich war sauer! ‹ (IT-Branche)

› Bei Gehaltsverhandlungen konnte eigentlich immer ich die Konditionen bestimmen. Kompliziert wurde es danach, wenn man aufgrund der Sonderkonditionen, die andere nicht bekommen hatten, komisch angesehen wurde … ‹ (Handel)

› Plötzlich, nach anderthalb Stunden guten Gesprächs, fragte mich der Seniorpartner nach meinen Gehaltsvorstellungen. Ich fühlte mich etwas überrumpelt. Ohne lange zu überlegen, nannte ich das Doppelte meines bisherigen Einkommens – eine ziemlich unverschämte Summe. Er reichte mir die Hand und der Wechsel war perfekt! (Beratungskonzern)

14.30 Uhr,
Das U-Boot-Projekt

In der Kaffeeküche steht eine kleine Gruppe von Reklamationsmanagern und trinkt Sekt aus Kaffeetassen. Eigentlich gilt strenges Alkoholverbot, aber bei »notwendigen Ausnahmen« und so diese nicht zu offensichtlich ausgelebt werden (Kaffeetassen!), drücken wir schon mal ein Auge zu. Die vollständige Formel zur Beschreibung der idealen Konzernverpflegung lautet daher: Salatbar + große Portionen + ein wenig Alkohol = Ruhe im Bau.

Die Reklamationsmanager feiern den fünften »goldenen Strich« des Monats. Für jede erledigte Kundenreklamation gibt es einen »Strich«. Zehn Striche sind ein »bronzener«, 100 ein »silberner« und 1.000 erledigte Reklamationen ergeben einen »goldenen Strich«. Seit Monatsbeginn hat dieses Team bereits 5.000 Reklamationen unserer Kunden abgearbeitet. Für sie ist das ein Grund zu feiern: Sie haben effizient gearbeitet und nun winkt ihnen dafür auch noch ein netter Bonus. Wie das unsere 5.000 Kunden sehen, die Probleme mit unseren Produkten und Services hatten, steht auf einem anderen Blatt ...

»Den Kunden zufriedenzustellen, ist die Mission und der Zweck des Unternehmens!« Kein Konzernchef auf dieser Welt, der diese uralte Weisheit von Managementguru Peter Drucker nicht schon vollmundig hinaustrompetet hat. Umso erstaunlicher, wie selten sie in der Praxis gelebt wird und wie wenig unsere Kunden davon zu spüren bekommen. Auch unser geliebter Landes-CEO ignoriert geflissentlich die Vorlieben und Bedürfnissen seiner Kunden. Tag für Tag werfen wir Produkte auf den Markt, die schon kurze Zeit später wieder als »Strich« im Reklamationsmanagement bei uns auftauchen ...

› Je größer wir wurden, umso weiter entfernten sich die obersten Hierarchien von der Realität. Die Chefs sitzen lieber in internen Meetings herum, als mit unseren Kunden oder mit den Verkäufern »an der Front« zu sprechen. Die Führung hat keine Ahnung, was der Kunde eigentlich will! ‹ (IT-Branche)

Der Kunde ist König

› In Wirklichkeit sind wir stärker durch den Mitbewerb als durch den Kundennutzen getrieben. ‹ (Automobilbranche)

› Jeder kennt das Auto, das wir bauen. In der Familie, bei Freunden, am Biertisch – jeder ist Kunde und damit Experte und jeder hat etwas auszusetzen: Das Auto kann dieses nicht und jenes nicht und immer bin ich schuld! Selbst wenn jemand ein Ablagefach für seine blöden 600 CDs vermisst – er beschwert sich bei mir und ich soll mich rechtfertigen! ‹ (Automobilbranche)

› Ich war fünf Jahre lang in leitender Position im Marketing tätig. Die Geschäfte liefen gut, die Kunden kauften – wir waren sehr entspannt. Ich lernte in dieser Zeit keinen einzigen Kunden kennen! Kein einziges Gespräch! Und trotzdem pustete ich fröhlich Jahr für Jahr Millionen für Kundenwerbung raus ... ‹ (Handel)

› Ich verstand unser Produkt überhaupt nicht! Zu Beginn wurde mir zwar mit den Worten »Musst du unbedingt lesen!« irgendein Technikhandbuch in die Hand gedrückt. Doch da das noch keiner in meiner Abteilung gelesen hatte, las ich es auch nicht. Und so verstand niemand von uns wirklich, was das Kerngeschäft dieses Unternehmens war. ‹ (IT-Branche)

› Seit Jahren schon können unsere Kunden in Geschäften auch einfach mit ihrem Handy bezahlen. In einem Teammeeting habe ich einmal gefragt, wer von meinen Leuten selber sein Handy für solche Zahlungen benutze. Ein Einziger hob die Hand. ‹

(Telekommunikation)

› Wenn man hier irgendjemanden fragt, »Würdest du von deinem eigenen Geld 45.000 Euro für das Auto ausgeben, das wir bauen?«, dann bekommt man interessante Antworten … ‹

(Automobilbranche)

Ich finde, die kleine Feier des Reklamationsteams zeigt sehr »schön«, was in solch einem Riesenladen schief laufen kann: Wir wollen, dass Kundenbeschwerden möglichst rasch und effizient erledigt werden. So weit, so gut. Daher bekommen die Kollegen aus dem Reklamationsteam ja auch einen umso höheren Bonus, je mehr »Striche« sie abarbeiten. Das heißt aber auch, wir beschäftigen hier eine ganze Abteilung, die sich umso mehr freut, je mehr verärgerte Kunden wir haben. Denn mit jedem zusätzlichen Strich erhöht sich ihr Gehalt. So weit, so merkwürdig.

Um den Wahnsinn in seiner ganzen, gleißenden Pracht erfassen zu können, muss man aber noch eine – nicht ganz unwesentliche – Kleinigkeit wissen: Neben der Anzahl der »Striche« treibt auch die eingesparte Schadenssumme die Bonuszahlungen in die Höhe. Da wir dem Kunden ohnehin schon das Geld für ein fehlerhaftes Produkt rückerstatten müssen, wollen wir nach Möglichkeit nicht auch noch zusätzlich »Schadenersatz« zahlen. Daher sind die Reklamationsmanager angehalten, die Erwartungen unserer Kunden hinsichtlich einer »Wiedergutmachung« zu »bremsen«. Was aus Sicht unserer Controller ja vielleicht angewandte Betriebswirtschaft sein mag, nenne ich schlichtweg »verrückt«:

Angenommen, ein Kunde meldet uns einen Schaden durch eines unserer Produkte in Höhe von 1.000 Euro. Wenn es dem Reklamationskollegen gelingt, diesen Kunden auf eine Schadenshöhe von 800 Euro »herunterzuhandeln«, so hat er uns nach Controllinglogik 200 Euro erspart. 0,66 Prozent davon darf der Kollege als Bonus behalten. Im Laufe eines Monats kann da eine ganz nette Summe zusammen kommen. Nun muss der Herr Reklamationsmanager nicht einmal besonders helle sein, um irgendwann zu kapieren, dass er verärgerte Kunden am besten so weit »herunterhandelt«, dass diese gleich noch einmal anrufen, um sich über sein aggressives Verhalten zu beschweren. Win-win! Zwei verbuchte »Striche« anstelle von »nur« einem, und dazu noch den bereits erzielten Multiplikator für seine 0,66 Prozent. DAS feiern sie hier heute mit Sekt und viel Gelächter ...

Kundendialog

› Natürlich steht auch bei uns »Worldclass-Kundenservice« in den Firmenwerten. Es geht aber wohl eher darum, den Kunden nicht komplett zu verärgern. Alles darüber hinaus wäre ja Geldverschwendung! ‹

(IT-Branche)

› Wenn ein wichtiger Kunde ein Problem hat, schlägt er bei mir auf. Ab dem Moment sind wir mit ihm im täglichen Kontakt. Da wir aber nicht genügend Ressourcen haben, geht diese intensive Betreuung meistens auf Kosten anderer. Da können schon mal zehn, zwölf kleinere Kunden für einen Großkunden leiden. ‹

(Tourismus)

› In der Telefonzentrale wurden Mitarbeiter eingespart. Zum »Ausgleich« druckten sie unsere Durchwahlen aufs Briefpapier. Im Briefverkehr mit uns »sammelt« ein Kunde mit der Zeit viele verschiedene Durchwahlen. Hat er ein Problem, ruft er natürlich einfach irgendeine davon an. Und so werde ich jetzt reihenweise mit Vorgängen zugetextet, die nicht in meinen Bereich fallen. ‹

(Banken & Versicherungen)

› Einmal im Jahr führt unsere Kundendienstabteilung mit den wichtigsten Kunden einen »Kundendialog« durch. Ziel: Die Verbesserung des Einkaufserlebnisses. Erfahrungsgemäß kommen da jedes Jahr die gleichen Beschwerden: Die Einkaufssysteme sind nicht verfügbar, komplizierte Bedienschritte und so weiter.
Auch in diesem Jahr wurden wieder 20 Großkunden in eine schön gelegene Stadt am Mittelmeer eingeladen. Fünf weigerten sich teilzunehmen – trotz jahrelanger Nennung der immer gleichen Probleme hatte sich für sie nie etwas verbessert. Die anderen erarbeiteten eine Liste, auf der am Ende stand: Nicht verfügbare Systeme, komplizierte Bedienung, etc. Wer hätte das gedacht? ‹

(IT-Branche)

Frau Kniester ist unbestritten die beste Projektmanagerin im Haus. Zudem ist sie laut, Feng-Shui-Fan und trägt Birkenstocksandalen. Jedem das Seine, das Du-Wort geht hier allerdings beim besten Willen nicht! Trotz jahrelanger Zusammenarbeit bleiben wir beim förmlichen »Sie«. Wie mir Frau Kniester so entgegenstapft, mit einer Handtasche, die es locker mit jedem Flugkoffer aufnehmen könnte, würde man es ihr nie zutrauen, aber: Jedes einzelne ihrer Projekte war bislang schneller fertig und kostete weniger als geplant und übertraf zudem meistens das erhoffte Ergebnis bei weitem. So etwas darf hier getrost als Wunder bezeichnet werden – keine Ahnung, wie sie das macht. Hauptsache, sie macht es für mich!
Irgendwie schafft es Frau Kniester immer wieder aus dem allgegenwärtigen Zahlenkorsett auszubrechen, Neues zu wagen und letztendlich damit zu reüssieren. Dank Typen wie ihr hege ich nach wie vor Hoffnung: Ganz Konzernien ist von den kundenfernen Zahlenmenschen besetzt? Ganz Konzernien? Nein! Ein paar unbeugsame Manager hören nicht auf, der schier übermächtigen

Datenflut Widerstand zu leisten. Frau Kniester & Co. weigern sich zu akzeptieren, dass Intuition und Innovation bei uns unter die Räder kommen. Und irgendwie kommt sie damit durch.

Querdenker

› Im Konzern, wo Regeln Gesetze sind, wurde meine Mentalität nicht unbedingt geschätzt. Für mich waren Regeln zeitlebens immer eher »Orientierungsmaßstäbe«, weit offen für Interpretation. Konzerne behaupten zwar, dass sie Unternehmertypen haben wollen; aber mit wirklichen Querköpfen, die sich nicht an Regeln halten, tut sich der Konzern schwer. ‹

(Medien)

› Wir machten einiges aus einem Bauchgefühl heraus. Das Bauchgefühl kam aus der Leidenschaft für das Unternehmen, aus Diskussionen mit Kunden und aus der Zusammenarbeit mit Zulieferern. Wenn man wirkliches Interesse an seiner Aufgabe hat, wenn man nicht nur arbeitet, um am Ende des Monats einen Gehaltsscheck zu bekommen, dann beschäftigt man sich automatisch nicht nur mit dem, was gerade auf dem Schreibtisch liegt. ‹

(Industrie)

› Als Quereinsteiger machte ich vieles anders. So schickte ich beispielsweise meine Mitarbeiter in unsere externe Partnerfirma und ließ sie dort eine Woche mitarbeiten. Auf diese Weise konnten sie viel besser verstehen, was unser Partner von uns benötigt. Wenige Tage später wurde ich überraschend in unsere Rechtsabteilung eingeladen: Man warf mir vor, ich hätte durch diese Aktion verbotenerweise Know-how an Externe weitergegeben. Und erklärte mir, dass ich dafür personelle Konsequenzen zu erwarten hätte!
Mein Chef blieb cool: »Alles o.k. Ich habe dich ermuntert, neue Sachen auszuprobieren, und nur das hast du getan. Auch wenn du mit der Aktion übers Ziel hinaus geschossen bist.« Der schützte mich und so verlief das irgendann im Sand. ‹

(Automobilbranche)

› Wer bei wichtigen Dingen gegen den Strom schwimmen will, braucht eine kritische Masse an Unterstützern – alleine wird man weggeschwemmt! Du brauchst drei, vier Leute an den richtigen Stellen, die dir folgen. Wenn du die hast, dann kommen automatisch die nächsten: »Also wenn der mitmacht, dann will ich auch!« ‹

(Automobilbranche)

Was ich unseren hochgeschätzten Vorständen verschweige, was meine Bereichsleiterkollegen nicht wissen dürfen, was ich vor allem Prozess-Klaus-Günther und seiner Micky-Maus-Truppe tunlichst vorenthalte: Ich habe die ungekrönte Weltmeisterin des Projektmanagements, The-one-and-only Frau Kniester, beauftragt, unter Umgehung sämtlich mir bekannter Konzern- und Prozessvorschriften die Leitung eines »U-Boot-Projekts« zu übernehmen. »U-Boote« sind Projekte, bei denen eigentlich offiziell die Anweisung erging: Daran wird nicht gearbeitet! Solche Projektverbote können unterschiedliche Ursachen haben: Weil das Projekt der Zentrale gerade nicht in den strategischen Kram passt, weil es dem CEO zu riskant erscheint oder weil Budgets für anderen, sinnlosen Mist verschwendet werden, der aber aus irgendwelchen Gründen momentan politisch opportun ist.

Wenn man als unternehmerisch denkende und agierende Führungskraft aber davon überzeugt ist, dass es sich bei einem speziellen Projekt um etwas WIRKLICH bedeutendes und innovatives handelt, das einfach vorangetrieben werden MUSS, dann ist man im Interesse des Konzerns praktisch zum zivilen Ungehorsam gezwungen. Man nimmt also das Projekt und »taucht« damit – wie ein U-Boot – für eine Weile »ab«. Unterhalb des Radars der ignoranten Bedenkenträger und Erbsenzähler bastelt man vorsichtig und leise daran herum, bis man etwas Großes und Schönes hat. Zum geeigneten Zeitpunkt taucht man dann unvermittelt wie-

der auf, stellt es dem begeisterten CEO vor, wird von diesem hochgelobt und von den anderen Bereichsleitern zutiefst beneidet. Wenn die Kniesterin alles richtig macht und unser »U-Boot-Projekt« zum erhofften Erfolg wird, dann dürfte die leidige Thronfolgerfrage und mein Aufrücken in unseren lokalen Vorstand nur noch eine Frage der Zeit sein!
Angefangen hat alles damit, dass ein junger Entwickler zu mir kam (Hochachtung Nummer eins: Er überwand Marias harte Tür) und mir ein Teil zeigte, das er auf eigenen Antrieb hin in seiner Freizeit entwickelt hatte (Hochachtung Nummer zwei!). Natürlich war das noch roh und unausgereift, aber trotzdem schon besser als vieles, was wir sonst so machen. Ich nahm den jungen Mann sofort und liebend gerne unter meine Fittiche. Er arbeitet jetzt für mich. Seinen eigentlichen Chef scheint das nicht zu stören – wohl auch, weil auch er von der ganzen Sache natürlich nichts weiß ...

Projektgeschäft

› Zu Beginn eines neuen Projekts hört man von allen Seiten stets das Gleiche: »Brauchen wir nicht! Haben wir schon mal versucht! Ist zu teuer!« Wenn die Idee dann funktioniert und das Projekt gut läuft, dann heißt es sehr schnell: »Das ist mein Projekt, es gehört in meinen Bereich! Ich will auch!« Daher fährst du am besten erst einmal ein bisschen unterm Radar los, bevor der ganze Trubel losgeht. ‹

(Telekommunikation)

› Projekte ohne Toppriorität sind meistens mühsam. Für die großen Projekte gibt es von Anfang an Aufmerksamkeit und Geld. Auch die ganz kleinen funktionieren, da sie »unter der Oberfläche« ablaufen. Doch die mittelgroßen Projekte, die viel verändern können, aber eben auch Kosten verursachen, die haben es schwer. ‹

(Banken & Versicherungen)

› Aus Gründen der Geheimhaltung bekommen die großen Projekte immer spezielle Projektnamen. Letztens nannten sie eines »Sisyphus«. Das lief dann nicht besonders toll ... ‹

(Telekommunikation)

› Was du bei all diesen Projekten nie fragen darfst: »Wir haben viel Geld dafür bezahlt, wann kommt denn das endlich?« Oder: »Was kommt am Ende dabei eigentlich heraus?« Diese Fragen sollten im Konzern besser nicht gestellt werden. ‹

(IT-Branche)

› Entscheidung: Wir machen ein neues Produkt. Super! Man zieht sich zurück und bastelt daran. Und bastelt daran. Weil es nie gut genug ist, bastelt man immer weiter. Wenn das Produkt dann endlich da ist, gibt es keinen Markt mehr dafür. Man hat schlicht und einfach zu lange gebraucht!
Trotzdem hält man jetzt an dem – unnützen – Produkt fest: Schließlich war die Entwicklung sehr teuer, man hat schon eine Vertriebsorganisation aufgebaut und Marketing gemacht. Da traut sich keiner mehr zu sagen: »Kommt, Leute, das ist ein Scheiß, lasst uns nicht noch mehr gutes Geld dem schlechten hinterherwerfen!«
Und so wird das tote Pferd immer weiter geritten. Irgendwann musst du den Vertriebsmann rausschmeißen, weil der »seine Zahlen nicht bringt«. Ein neuer Vertriebsmann muss her! Dann ist der Marketingmanager dran: Der fliegt, weil »die Kommunikation nicht passt«. Schlussendlich ist auch noch der Projektverantwortliche an der Reihe. Er wird ausgetauscht, weil er »keine Ahnung hat«. Erst wenn auch der alleroberste Verantwortliche weg ist, kann man das Projekt endlich einstampfen. ‹

(Telekommunikation)

Die Kniesterin zieht eine kurze, beruhigende Bilanz: Unser Projekt liegt perfekt im Zeitplan, die Ergebnisse sind nach wie vor ermutigend! Es sieht sehr gut aus, alles auf »Grün«! Wie nicht anders erwartet, ist mein wertvolles »U-Boot-Projektchen« bei ihr in besten Händen.

Ein »U-Boot« zu nehmen war die richtige Entscheidung. Als offizielles Projekt hätten wir erst mal durch den Projektausschuss gemusst und einen Businessplan über Hunderte von Quartalen sowie eine Risikoabschätzung vorlegen müssen. Dazu wären noch unzählige »Qualitätssicherung-Gates« des »Neuprojektprozesses« gekommen. Wir wären wahrscheinlich noch nicht einmal halb so weit gekommen und hätten uns von 45 Ignoranten im Projektausschuss wochenlang alles zerreden lassen müssen. Sinnlose Zeitverschwendung!

Stattdessen können wir jetzt schon über den idealen Zeitpunkt zum »Auftauchen« nachdenken. Ich favorisiere einen Termin kurz vor der Vorstandssitzung zum Ende des Geschäftsjahres. Wenn die gesamte Führung unserer Landesgesellschaft nach guten Nachrichten nur so lechzt, werden wir unser Baby präsentieren. Ich sehe sie schon vor mir: Die schleimigen Lackaffen, wie sie mir sabbernd vor Begeisterung auf die Schultern trommeln, in der traurigen Hoffnung, dass ein klein wenig von meinem glanzvollen Triumph auch auf sie abfärben möge ... Dröhnend schließen sich die riesigen Schnallen an Kniesterins angsteinflößender Handtasche und reißen mich aus meinen Gedanken. »Ja, das schaffen wir«, sagt sie. Und wenn Frau Kniester das sagt, dann wird es auch so sein.

16.30 Uhr, Kampfrhetorik inklusive: Update des Betriebsrats

Der Betriebsrat ist quasi ein gesetzlich vorgesehenes Silo. Im Rahmen seiner betrieblichen Mitbestimmungsrechte soll er die Interessen der Arbeitnehmer schützen und gegenüber dem – aus seiner Sicht – rein profitorientierten Management verteidigen. An und für sich eine sinnvolle Idee! Im Laufe der Zeit hat man das ursprünglich lobenswerte Ziel allerdings irgendwie aus den Augen verloren. Und nun wähnen sich jene armen Teufel unter uns, die zu Besprechungen mit dem Betriebsrat verdonnert werden, nicht selten in einen der alten, schwarz-weißen »Don Camillo und Peppone«-Filme hineinversetzt. Mit lautstarker marxistischer Kampfrhetorik als Soundtrack. Das Poltern der Betriebsräte hat durchaus Kalkül: »Der Arbeitgeber beutet uns aus!« kommuniziert sich leichter und wirkt bei den eigenen Leuten schneller, als die beste, kompromissbasierte Betriebsvereinbarung, die bei der nächsten Betriebsratswahl kaum Stimmen bringt.

Unsere Betriebsräte ließen sich in irgendeiner uralten Betriebsvereinbarung das Recht verbriefen, vom Management in regelmäßigen Abständen ein Update zu »Lage und Zukunft des Konzerns« zu bekommen. In einem Moment taktischer Unachtsamkeit wurde dieses bittere Los mir zuteil und nun muss ich alle sechs Monate in den »Kreml« (wie das Betriebsratsbüro auf der Vorstandsetage genannt wird) zum Rapport.

Der Betriebsratsvorsitzende, ein gewisser Manfred, fing vor langer Zeit als einfacher Sachbearbeiter in der Poststelle an, wo er bestimmt einen ganz tollen Job machte. Nach Jahrzehnten gewerkschaftlicher Fortbildung kennt er nun alle Tricks und weiß genau, wann was zu holen ist. Er ist nicht dumm, gar nicht schlecht im Verhandeln, die Vorstände respektieren ihn und manche fürchten ihn sogar ein wenig. Wie ihn das aber dazu befähigen soll, strategische Unternehmensentscheidungen mit Vertretern des Topmanagements zu diskutieren, wird mir wohl für immer schleierhaft bleiben!

Was unsere halbjährlichen »Begegnungen« so grausam macht, ist Manfreds Überzeugung, schon der kleinste Funke von Verständnis für die Unternehmensführung würde ihm im Kreml als Verrat ausgelegt. Also setzt er auf überbordende Aufregung und brüllt und rennt und keucht und schauspielert und das alles zusammen so schlecht, dass ich jedes Mal unweigerlich lachen muss. Was der Gesamtsituation nicht gerade zuträglich ist! Ich für meinen Teil gebe den einfühlsamen Vertrauensmann aus der Führungsriege und darf für meine Performance natürlich auch keinen Oskar erwarten. Welch ein absurdes Theater, das wir hier jedes halbe Jahr abspielen:

»Der Arbeitgeber hat uns betrogen!« Keine Begrüßung, das sind Manfreds erste Worte, noch bevor ich mich richtig setzen kann.

»Guten Tag, Manfred. Ich habe Sie nicht betrogen!« antworte ich so sanft und verständnisvoll, wie ich nur kann.

»Der Arbeitgeber hat uns betrogen! Das lassen wir uns nicht gefallen!« wiederholt er – brüllend.

Tief einatmen, ausatmen. »Was habe ich denn getan, Manfred?«

»Nicht Sie, Hecht! Der Arbeitgeber!« Sein Kopf ist jetzt hochrot, er versucht, vor Erregung zu zittern, was aber misslingt, sehr lustig aussieht und mir einige Mühe bereitet, nicht schon jetzt loszugrinsen.

»Manfred, ich bin ein Vertreter des Arbeitgebers ... «

»Der Arbeitgeber! Hat uns! Zum letzten Mal! Betrogen! Zum allerletzten Mal! Das lassen wir uns nicht mehr bieten! Nie wieder! Nicht mit uns!« Auf meiner Anzugshose glitzern Tropfen vom Speichel des Betriebsratsvorsitzenden. Ich sehe auf die Uhr: Noch 58 Minuten und 30 Sekunden. Memo an mich selbst: »Paul, du schaffst das!«

Arbeit mit Betriebsrat

› Jede Firma hat den Betriebsrat, den sie verdient. Bei uns ist das ein »Chaos-Betriebsrat«. Da sitzen lauter unerfahrene Leute drin, von denen viele nicht einmal das Betriebsverfassungsgesetz verstanden haben. ‹

(Internetbranche)

› Mit dem Betriebsrat kannst du nicht diskutieren! Ich habe es versucht und es war unmöglich – sie haben immer alles als Drohung verstanden. ‹

(Tourismus)

› Ich verwende gut und gerne 30 Prozent meiner Arbeitszeit für den Umgang mit dem Betriebsrat. Da sind die sechs lokalen Betriebsräte, mit denen man alles abstimmen muss. Dann gibt es den deutschen Gesamtbetriebsrat, der sich aus Vertretern der lokalen Einheiten zusammensetzt. Und dieser beschickt wiederum einen europäischen Betriebsrat … ‹

(Tourismus)

› Bei uns passt der Begriff »Sozialpartner«. In der Außendarstellung mag es eine gewisse Rivalität zwischen Geschäftsführung und Betriebsrat geben. Der Betriebsrat muss bestimmte Dinge nach außen hin drastischer darstellen, als sie im informellen Gespräch eigentlich waren. Er verwendet dann diese Kampfrhetorik, um seiner Rolle gerecht zu werden.
Nach innen funktioniert der Betriebsrat als Mechanismus zur Konsensfindung jedoch hervorragend und trägt so entscheidend zur Befriedung bei! ‹

(Industrie)

› Wir haben circa 80 Betriebsvereinbarungen, die regeln das Leben von oben bis unten: Von den Arbeitszeiten über die Kantine bis hin zu Vorschriften, wie man die Geburtstage von Mitarbeitern zu feiern hat. Als Manager hast du gar nicht mehr die Möglichkeit, irgendetwas selbst zu entscheiden!
Vor Kurzem stellte man aber fest, dass unser Betriebsrat niemals richtig mandatiert worden war. Das heißt, der war überhaupt nicht dazu berechtigt, all diese Betriebsvereinbarungen abzuschließen. Wir haben jahrelang auf Basis von 80 ungültigen Vereinbarungen gearbeitet, die jetzt plötzlich von heute auf morgen nicht mehr existieren! Seither bewegen wir uns in einem luftleeren Raum ... ‹

(Tourismus)

Der Aufforderung unseres Vorstandes folgend, bei dem Update doch bitte so wenig wie möglich von unserer Strategie preiszugeben, hat mir Maria eine wirre Ansammlung von Bruchstücken alter Vorstandspräsentationen mitgegeben. Unter normalen Umständen müsste ich sie für diese sinnentleerte Abfolge von Fakten und leeren Managementphrasen auf der Stelle feuern – doch im Kreml sind sie Gold wert! Keiner der Anwesenden (mich eingeschlossen) versteht ein Wort von dem, was ich hier so freudig vortrage. Aber das kann Manfred vor den Seinen natürlich nicht eingestehen und so stellt er immer wieder vermeintlich harte Fragen zu meinem »Vortrag«, was zu wunderschönen Dada-Dialogen führt:

»Die strukturale Interdependenz moderner In-Class-Systeme ...«

»Das nennen Sie modern? Ich nenne das falsch! Grundfalsch nenne ich das!«

»Na gut, die Interdependenz falscher In-Class-Systeme ...«

»Was soll das? Was meinen Sie damit?«

»Was glauben Sie, was ich damit meine?« Pause.

»Wenn Sie mich ausreden ließen, würde ich es Ihnen gerne erklären. Also: Wenn wir nachhaltige Strukturen implementieren wollen …«

»Nachhaltig? Dass ich nicht lache!«

Und so weiter und so fort. Schneller Blick auf die Uhr: Nur noch 15 Minuten …

Arbeitskampf

› Bei einer Restrukturierung arbeitete ich intensiv mit dem Betriebsrat zusammen. Die Betriebsratsvorsitzenden sind erstaunlich pragmatische Typen, die viel unternehmerischer denken, als man vermuten würde. Wir gingen das offen und sachlich durch und waren uns einig, dass die bestehenden Strukturen einfach nicht mehr zeitgemäß waren. Ausgesprochen fachlich konnten wir sogar darüber diskutieren, welche Standorte man schließen müsse. ‹

(Telekommunikation)

› Bei unseren französischen Kollegen sollten Restrukturierungsmaßnahmen umgesetzt werden. Doch die Mitarbeiterschaft und der Betriebsrat erklärten sich damit nicht einverstanden. Also wurde der CEO einen ganzen Tag in seinem Büro »festgesetzt«, die ließen ihn da nicht mehr raus! Gerade mal zur Toilette durfte der, aber nur in Begleitung. ‹

(Medien)

› Die wollten einen ihrer Standorte schließen. Der lokale Betriebsrat lief natürlich Sturm, insbesondere, da Analysen zeigten, dass das eher aus politischen denn aus wirtschaftlichen Überlegungen geschah. Die Belegschaft stieg auf die Barrikaden und der CEO konnte das Firmengelände nur noch mit dem Helikopter verlassen, aus Angst um Leib und Leben.
Fazit: Der Standort blieb noch zwei Jahre erhalten, bevor er dann doch endgültig stillgelegt wurde. ‹

(Industrie)

› Ein Unternehmensteil schaffte seine Produktionsziele nicht. Ich wurde hingeschickt, um das wieder hinzubiegen, »mit allen Mitteln«!
Als erstes verordnete ich Überstunden, auch samstags, um wieder etwas aufzuholen. Schon das akzeptierte der Betriebsrat nicht und es kam zur Eskalation: »Wir lassen uns das nicht gefallen! Wir legen die Arbeit nieder!«
Ich verwies den Betriebsrat der Firma. Das durfte ich natürlich nicht, aber das war mir egal. Dann erklärte ich denen, die ihre Arbeit niederlegen wollten, dass ich dafür kein Verständnis hätte: »Ich will mit euch nicht diskutieren!« Die Drohung war klar – wer jetzt nicht weiterarbeitete, würde ganz lange nicht mehr arbeiten. Und schlussendlich besetzte ich die Schlüsselpositionen mit loyalen Leuten aus anderen Bereichen.
Aus Rache brachte die nächste Betriebsratszeitung drei ganze Seiten nur über mich: Wie unfähig ich sei, was ich nicht alles falsch gemacht hätte und so weiter und so fort. ‹

(Automobilbranche)

19.00 Uhr, Abflug

In der Lobby wartet bereits ein Fahrer unseres Limousinenservices auf mich. Im ledergepolsterten Fond, auf der Fahrt zum Flughafen, genieße ich heute zum ersten Mal seit dem frühen Morgen so etwas wie Ruhe. Der Fahrer kennt mich und versucht dankenswerter Weise erst gar nicht, ein Gespräch in Gang zu bringen. Still rollen wir in Richtung Autobahn.

Auf den Bürgersteigen tummeln sich die Leute, die noch schnell ihre letzten Einkäufe erledigen. Rein statistisch gesehen nutzt jeder Vierte von ihnen regelmäßig etwas, an dessen Entwicklung mein Unternehmen beteiligt war. Den meisten da draußen ist das nicht bewusst, sagt die Marktforschung. Uns ist das egal, sagt der Vorstand, solange wir weiter gute Umsätze machen. Doch genau das ist das Problem – wir machen schon eine ganze Weile keine guten Umsätze mehr und die Gewinne gehen zurück, nicht dramatisch, aber doch merkbar und kontinuierlich. Die Frau im viel zu engen Oberteil, die gerade noch vor unserem Wagen die Straße quert; der Mann mit der dunklen Lederjacke und der prall gefüllten Einkaufstasche; das händchenhaltende Pärchen, das keine Eile der Welt zu kennen scheint: Sie alle haben das große Glück, nichts von meinen Problemen zu wissen. Sie konsumieren, was ich für sie produziere, und kümmern sich nicht darum, welches EBIT es mir bringt, wo unser Shareprice steht und mit welchen politischen Ränkespielen ich mich herumschlagen muss, nur damit sie bekommen, was sie wollen. Ich schaue durch die getönte Seitenscheibe in ihre Welt, die sich unbeeindruckt von all

diesen Schwierigkeiten weiterdreht. Ich hoffe, sie wissen, wie gut es ihnen geht!
Der Fahrer kennt die richtigen Abkürzungen und bald stehen wir an der letzten Kreuzung vor der Autobahnauffahrt. Das Vibrieren des starken Motors beruhigt. Ein Mädchen blickt in meine Richtung, es lächelt ein wenig. Ich glaube nicht, dass es mich im Halbdunkel des Wageninneren sehen kann, dennoch lächle ich zurück. Die Ampel springt auf Grün und wir rollen an ihm vorbei.

Fahrer

› Mein Team organisiert weltweit Dienstreisen für unterschiedlichste Branchen. Es ist interessant, wie stark ausgeprägt Branchencharakteristika sind. Auch wenn es nur um Dienstreisen geht …
Für die Unternehmensberater-Diven ist Reisen das Wichtigste überhaupt. Die wollen nicht irgendeinen Mietwagen, sondern bitte den roten Ford Mustang mit den und den Felgen. Die wollen beraten, umsorgt und bis zum Umfallen gepampert werden. Dann hast du die Automobilhersteller. Die sind super kompliziert, mögen keine Online-Buchungen und haben die vertracktesten Genehmigungsverfahren, die man sich nur vorstellen kann. Am liebsten habe ich die IT-Firmen und die Telekommunikationsunternehmen, die sind online getrieben und lange nicht so problematisch … ‹

(Tourismus)

› Da der Konzernvorstand nur alle zwei bis drei Jahre bei uns vorbeikommt, wachsen sich seine seltenen Visiten zu richtiggehenden Staatsbesuchen aus. So dauerte die Planung seines letzten, knapp vierstündigen Besuchs mehrere Wochen. Ein Team war alleine nur dafür zuständig, seinen Anfahrtsweg vom Flughafen bis zu unserem Büro zu »verhübschen«: Die buchten alle Plakatwände entlang der Flughafenautobahn, die sie kriegen konnten, und beklebten sie mit unserer Werbung. Die Jungs leisteten ganze Arbeit – eine Kollegin, die in der DDR aufgewachsen war, sah sich schon in ihre propagandaverseuchte Jugend zurückversetzt … ‹

(Telekommunikation)

› Unser CEO sollte mit dem Chef eines unserer wichtigsten Großkunden ein paar Details zu einem Projekt klären. Leider fand sich bei uns intern kein anderer Termin, um unseren CEO für diese wichtige Besprechung zu briefen, als die halbstündige Fahrt zum Kunden. Also wurde eine schicke Großraumlimousine mit sieben Ledersitzen gechartert, die alle schnell vergeben waren: Auf der einen Seite saßen der CEO, sein Bodyguard und seine Assistentin. Ihnen gegenüber der Europa- und der Deutschlandchef, sowie zwei lokale Bereichsleiter, die von der Sache Wind bekommen und sich mit ins Auto eingeladen hatten.
Am Tag vor der Fahrt fiel dann jemandem auf, dass der Projektleiter keinen Sitzplatz bekommen hatte. Das war der Einzige, der dieses Projekt überhaupt kannte. Mannomann … Mit Engelszungen musste einer der Bereichsleiter wieder ausgeladen werden, damit wenigstens einer mitfuhr, der Ahnung hatte, worum es da eigentlich ging. ‹

(IT-Branche)

› Früher fuhren alle das gleiche Auto. Als wir wuchsen, veränderte sich auch unsere Kultur. Heute haben wir eine mehrstufige Dienstwagenregelung, laut der man sich vom Golf bis zum Drei-Liter-Benz hocharbeiten kann. ‹

(IT-Branche)

› Wir bauen Autos. Daher nehme ich mir auf Dienstreisen doch kein Mietauto, sondern lasse mir ein Firmenauto geben: Wenn man am Zielort die richtigen Leute kennt, dann organisieren die einem einen schönen, fetten Wagen, mit dem man durch die Gegend fahren kann. Die Oberchefs aber lassen ihre Autos natürlich von der Sekretärin mieten. Und die buchen brav Mietautos nach Katalog …
Auf einem unserer USA-Trips hatte die Assistentin meines Chefs irgend so einen Scheißdrecks-Wagen für ihn organisiert, das hässlichste Auto, das man je gesehen hat. Und ich kam mit diesem Prachtwagen. Mein Chef sah mich lange an, bevor er leicht bewundernd fragte: »Wie ging das, dass Sie so ein Auto bekamen?« ‹

(Automobilbranche)

In einem dieser Videoclips, die von besonders »lustigen« Kollegen gerne an den gesamten E-Mail-Verteiler verschickt werden, prahlen zwei »Businesskasper« mit ihren zahllosen Flügen. Ohne Plan, Hauptsache oft, jetten die beiden Geschäftsmänner ziellos hin und her. Der Versender des Clips spielte augenscheinlich auf unseren Marketingvorstand an, der erst vor Kurzem seine neue Vielfliegerkarte mit Super-Status bekommen hatte. Am liebsten hätte er sich die Karte wohl eingerahmt ins Büro gehängt. Weil das schlecht geht, muss die arme PA des eitlen Gecks nun zumindest sicherstellen, dass das Begleitschreiben so platziert ist, dass es jedem Besucher sofort ins Auge springt: »Willkommen im Kreise unserer exklusivsten Kunden!« Ich für meinen Teil brilliere darin, den Wisch geflissentlich zu ignorieren.
Einen erheblichen Teil seines Lebens verbringt jeder Konzernmanager »on the road« oder eben »in the air«. Die Dienstreise, anfangs noch ein erstrebenswertes Privileg, wird mit der Zeit zur strapaziösen Routine, bei der sich schließlich alles nur noch um die drei Kardinalfragen dreht: Business oder Economy Class? Vertreterschuppen oder akzeptables Hotel? Und zum Abendessen: Pizzeria oder Gault Millau? Die eigentliche Reifeprüfung jeder hochklassigen PA besteht darin, zu versuchen, die Buchung von Business Class + Tophotel + Haubenlokal mit den pingeligen Reisekostenvorschriften der Firma in Einklang zu bringen. Maria beispielsweise kennt Schleichwege zu verborgenen Budgettöpfen, von denen ich lieber gar nichts wissen will. »Keine Sorge, Mr. Paul, ich mache das schon!« Das tut sie, und es funktioniert jedes Mal.
Bis zum Abflug nach Paris ist noch etwas Zeit, doch ich bin bereits am Gate. Für einen Montagabend ist erstaunlich viel los, in der Lounge war es unangenehm laut und eng – wohin müssen denn all diese Businesskasper? Mein morgiges Meeting beginnt zwar

erst um 11.00 Uhr, ich fliege aber trotzdem schon heute, da ich absolut keine Lust auf einen dieser traurigen »Pyjama-Bomber« in aller Herrgottsfrühe habe. Mit der Vorbereitung der Budgetplanung gestern Nacht habe ich dem Konzern ohnehin bereits mehr als genug Schlaf geopfert!

Maria hat meinen »Stammplatz« reserviert – 2D, zweite Reihe Business Class, am Gang. 2D ist perfekt: In der ersten Reihe hat man in den meisten Maschinen weniger Fußraum, und in der dritten Reihe muss man beim Aussteigen ewig lange warten, bis sich Reihen eins und zwei endlich geleert haben. Deswegen auch der Platz am Gang – Fensterplätze sind etwas für Fluganfänger, die gerne warten, bis sich ihr Sitznachbar endlich hinausbequemt hat. 2D ist perfekt!

Ich bitte um einen Scotch, schalte wie angewiesen meinen Laptop aus (Danke, europäische Fluglinien, dass ihr uns diese letzte Pause vom Dauerstress noch gönnt!), stecke das Kabel meiner neuen Active-Noise-Reduction-Kopfhörer in mein Smartphone, wähle aus meiner Musiksammlung John Coltranes »A Love Supreme« und beginne zu fliegen ...

Flieger

› Die Assistentin des Geschäftsführers, eine relativ strenge Person, war für die Buchung unserer Geschäftsreisen zuständig. Obwohl sie immer sparen wollte, bestand sie absurderweise gleichzeitig darauf, dass wir Business Class flogen: »Erfahrene Manager fliegen nicht Holzklasse!«

Da wir immer dieselben Strecken flogen, nach Düsseldorf oder nach London, buchte sie Kreuzflüge. Denn wenn zwischen Hin- und Rückflug ein Wochenende lag, war der Flug günstiger. So hattest du andauernd ungenutzte Rückflüge und musstest permanent umbuchen. Schnell verlor sie die Kontrolle! Als ich das Unternehmen verließ, hatte ich noch gut 20 Kreuzflüge offen ... ‹

(Medien)

› Die Geschäftsführerin war bei den Airlines gefürchtet: Mit ihrer goldenen Vielfliegerkarte kam sie als absolut Letzte zum Montagfrüh-Flieger. Obwohl der voll besetzt war und alle Gepäckfächer bereits geschlossen, bestand sie aufgrund ihres Vielfliegerstatus darauf, alle Koffer in die Kabine mitzunehmen. Sie ließ die einfach vor der Stewardess fallen, setzte sich und begann, Zeitung zu lesen. Die Stewardessen versuchten währenddessen verzweifelt, all die blöden Koffer noch irgendwo in diesem Flugzeug unterzubringen. ‹

(Beratungskonzern)

› Manche Leute flogen »projektbezogen« jede Woche nach Südafrika, weil sie auf diese Weise Meilen-Millionäre wurden. ‹

(Beratungskonzern)

› Ich erlebte schon zu Karrierebeginn Dinge, die andere nie kennenlernen: Mit gerade mal 24 Jahren hatte ich einen Chauffeur. Ich übernachtete in den besten Hotels und aß regelmäßig in Drei-Sterne-Restaurants. Ich flog mit dem Firmenjet durch die Gegend. Da kommt der Pilot rein und begrüßt einen persönlich. Alles sehr angenehm! ‹

(Medien)

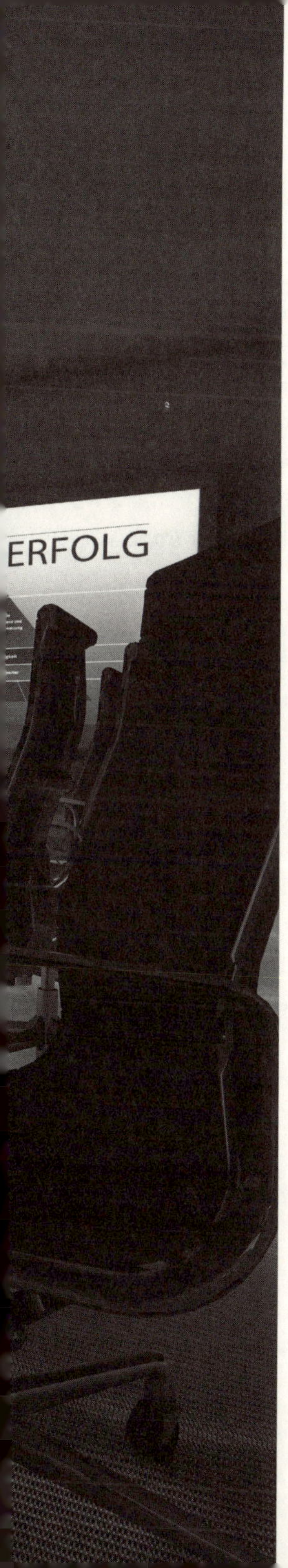

Dienstag, ganztägige Auslandsreise

9.30 Uhr, Wake-up-Call

Gemäß unserer mehrbändigen Reisekostenrichtlinie, von der mir Maria erzählt hat, steht mir pro Hotelübernachtung ein Budget von 200 Euro inklusive Frühstück zur Verfügung. Jeder, der schon einmal versucht hat, für diesen Betrag in Paris kurzfristig etwas halbwegs Annehmbares zu bekommen, weiß: C'est impossible! Also zapfte Maria irgendein »Budget für besondere Aufgaben von Führungskräften« an und ermöglichte mir so trotz der realitätsfremden Vorschrift eine adäquate Unterkunft im Zentrum. Mit fünf Sternen. In Gehweite zu der Champs-Élysées. Zugegeben – das ist wirklich etwas außerhalb der Norm und zu oft sollte man so etwas vermutlich nicht tun, doch das Verhindern einer Nacht in einer Bahnhofsabsteige rechtfertigte hier das unorthodoxe Vorgehen.

Im Flieger las ich von einer Umfrage, bei der man angeblich die »Top-3-Kriterien eines guten Businesshotels« abgefragt hatte. Das Ergebnis: 1. bequeme Matratze, 2. unkomplizierter Check-in und 3. gutes Frühstück. Absoluter Schwachsinn! Das hat sich ein unterbezahlter Journalist ausgedacht, der selbst allenfalls mit dem eigenen Wagen zur Kleintierschau in den Nachbarort reisen darf. Hätte sich jemand die Mühe gemacht, die tatsächlichen Kriterien Geschäftsreisender bei ihrer Hotelauswahl zu erfragen, wäre das Ergebnis wohl eher so ausgefallen:

1. Gratis Minibar
2. Gratis Upgrade

und 3. Gratis Pornokanal.

Sex, Alkohol und eine Suite, ohne lästige Zusatzkosten, wegen denen man sich wochenlang mit der Reisebuchungsabteilung und ihren verqueren Richtlinien herumärgern muss: Das ist der Wunschzettel ans Dienstreisen-Christkind!

Schläfer

› Wir besuchten chinesische Lieferanten. In China ist es ganz wichtig, dass man beim Einchecken im Hotel seine Visitenkarte abgibt. Denn so weiß die Rezeption die Position des Gastes und kann die Zimmer entsprechend zuteilen: Ein »Vice President« muss immer ein Zimmer in einem höheren Stockwerk bekommen als ein einfacher »Senior Manager«. Die nehmen das sehr ernst! Wenn ein chinesischer Mitarbeiter über seinem Chef einquartiert ist, macht der aus schlechtem Gewissen in der Nacht kein Auge zu.
Ein paar von uns hatten aber keine Visitenkarten dabei. Riesenproblem! Das Hotelmanagement versuchte ewig, unsere Hierarchien herauszufinden, und der Eincheckprozess dauerte fast eine Stunde. Nur damit ja niemand beleidigt wurde. ‹

(Automobilbranche)

› Bei Kostensparmaßnahmen wurde auch die Hotelauswahl angepasst. Ich buchte ein neues Hotel, das im Kostenrahmen lag. Als ich da spät abends ankam, dachte ich: »Das ist aber eine schillernde Ecke hier …« Und es war wirklich ganz unterste Schublade:
Die Unterkunft lag direkt neben einem Stundenhotel. Die Damen standen schon draußen. Die Tür zu meinem Zimmer war wohl einmal aufgebrochen und nie wieder richtig repariert worden. Man sah noch die Spuren der Gewalt. Das Zimmer selber war so abstoßend, dass ich die TV-Fernbedienung vorsorglich in eine Plastiktüte steckte, um sie nicht berühren zu müssen. Und weil das Bett so eklig aussah, schlief ich in meinem Mantel. ‹

(Telekommunikation)

› Meine Sekretärin meinte, trotz der Reisekostenrichtlinie eine Unterkunft für mich gefunden zu haben, die schön gelegen und dennoch nicht zu teuer wäre. Es stellte sich heraus, dass das ein Hotel für Klassenfahrten war. Mein Zimmer hatte deutlich erkennbar unter Generationen von Schülerhorden gelitten, die Lampen heruntergetreten und auch das restliche Mobiliar arg in Mitleidenschaft gezogen hatten. Am nächsten Morgen, beim Frühstück, war ich der Einzige in Anzug und Krawatte unter zahlreichen Schülergruppen. ‹

(IT-Branche)

› Zu einer Veranstaltung kam das komplette amerikanische Management herüber und man hatte für die ein ganzes Luxushotel gemietet, alle Zimmer und Suiten. Dann kamen die Anfragen, für wen welche Suite sei. Die Größe der Suiten war extrem wichtig, weniger für die Manager selber, vielmehr für deren Assistentinnen. Die schacherten richtig: »Mein Chef muss unbedingt eine größere haben als der und der!« Einige Assistentinnen kamen schon Tage vorher und schauten sich die Räume an: »Die ist ja viel zu klein!«, »Die hat einen Sessel zu wenig, da muss ein zweiter Sessel rein!« und so weiter. Die führten sich auf, als seien sie die eigentlichen Stars der Veranstaltung ... ‹

(Medien)

› Bei einer wichtigen Messe mietete ich für das gesamte Team anstelle vieler Hotelzimmer einfach eine Villa. Die bot genügend Schlafplätze für alle. Und weil wir vorhatten, Gäste zu einem feierlichen Abendessen einzuladen, nahmen wir auch noch einen Koch mit. Insgesamt war das billiger als Hotelzimmer plus teurer Restaurantbesuch. Als die Prüferin für Reisekosten unsere Rechnungen durchsah, mit Villa und Koch, kam sie extra zu mir: »Bist du verrückt? Warum machst du so etwas?« Im Konzern können sie solche Dinge, die – zugegebenermaßen – unüblich, aber sinnvoll sind, nicht verstehen. ‹

(Medien)

Kurz nach 9.30 Uhr läutet das Telefon und eine weibliche Stimme mit französischem Akzent wünscht mir einen »erfolgreischen jour à Paris". Ich lege wortlos auf. Als ich gestern spätnachts beim Einschlafen in diesem Luxus-Designhotel den Schalter für die elende Nachttischlampe nicht fand, rief ich bei der Rezeption an, doch keiner dieser hochnäsigen, gallischen Idioten hatte die Güte abzunehmen. Also schickte ich Maria eine dringende E-Mail mit dem geradezu flehentlichen Wunsch, mir »bitte, bitte« zu helfen. Doch auch meine teure PA fand es nicht der Mühe wert, mir zu antworten. Wofür hat man eigentlich seine Assistentin, wenn nicht für extraterritoriale Notfälle? Memo an mich selbst: »Strenger Verweis!« Ich musste die ganze Nacht bei Licht schlafen.
Wenigstens hatte die Unzuverlässige noch die Güte gehabt, mir ein Zimmer mit einem Bett von enormen Ausmaßen zu buchen. Ich errichtete also am Rand dieser beeindruckenden Schlafstatt mitten in der Nacht und fluchend einen Schutzwall gegen den verdammten Lichteinfall: Aufgeschichtete Decken, ein Turm aus grässlich gemusterten Zierkissen sowie eine überdimensionale, lederne Schreibtischunterlage verhalfen mir schließlich doch noch zu einem traumlosen Schlaf.

Übernachtung im Doppelzimmer

› Aus Kostengründen wurden die Leute zu zweit in Doppelzimmer gebucht. Das war ein Designhotel, eigentlich sehr schön. Leider hatte sich offenbar niemand vorab die Zimmer angesehen: Teil des Designkonzepts war nämlich, dass sich die Dusche mit zwei vollverglasten Seiten zum Zimmer hin öffnete. Selbst wenn man den weißen Duschvorhang vorzog, sah man dank der hervorragenden Innenbeleuchtung einen detaillierten Schattenriss des Zimmerpartners beim Reinigungsprozess. Da die Toilettentür zudem aus zwei Saloonschwingtüren bestand, die erst in 40 cm Höhe begannen, war es kein Wunder, dass die Kollegen reihenweise aus eigener Tasche auf Einzelzimmer umbuchten. ‹

(IT-Branche)

› Bei internen Veranstaltungen mit Übernachtung müssen wir uns Doppelzimmer teilen. Was beim letzten Event dazu führte, dass die einzige Frau im Team überrascht feststellte, dass auch sie kein Einzelzimmer bekommen hatte. Der Bereichsvorstand sollte sich mit einem Engländer das Zimmer teilen und war ebenfalls etwas überrascht, als der Engländer allen Mut zusammennahm und ihm offenbarte, dass er Nacktschläfer sei. Ich selbst sollte mit einem älteren Kollegen in einem kleinen, französischen Doppelbett schlafen, das nur eine gemeinsame Bettdecke hatte. Da keiner von uns Arm in Arm schlafen wollte, gingen wir wieder zur Rezeption und versuchten, auf eigene Kosten ein weiteres Zimmer anzumieten. Die Kollegin und der Bereichsvorstand waren auch schon da … ‹

(Medien)

Ich stehe auf und mache auf dem flauschigen Teppichboden, nackt, 20 Liegestütze. Sehr angenehm! Eher unangenehm: Die eiskalte Dusche! Zwischen all den Knöpfen der »LED-Farbdusch-Multifunktionsbrause« findet sich nichts, mit dem man das warme Wasser aktivieren könnte. Aber drei Knöpfe für verschiedene Rotstufen des Wassers haben sie! Nach weniger als einer Minute bin ich wieder draußen und habe so noch Zeit für ein schnelles Petit Déjeuner.

Da ich auf meine Figur achte, habe ich es mir zur Gewohnheit gemacht, abends wenig zu essen. Umso mehr dafür zum Frühstück. Vom exquisiten Hotelbuffet wähle ich Wachteleier, Paté mit Trüffeln, etwas bretonischen Hummer und eine braune Paste im Einmachglas, dessen Etikett besonders liebevoll gestaltet ist. Dazu ein Glas frisch gepressten Litschisaft. Eigentlich mag ich Litschis gar nicht, aber ich bewundere die Hingabe des Küchenpersonals, all diese kleinen Früchte einzeln abzuschälen und auszupressen, nur damit ich ein Glas Saft trinken kann.

› Ich hatte einen Geschäftstermin mit Mittagessen. Da ich den ganzen Tag noch nichts gegessen hatte, war ich extrem hungrig. Aus irgendeinem Grund, der sich mir heute beim besten Willen nicht mehr erschließt, bestellte ich in einem Anflug temporärer geistiger Umnachtung die Spezialität des Hauses, die Schlachtplatte Napoleon! Noch heute sehe ich die verstörten Gesichter meiner Geschäftspartner vor mir, als die Bedienung diesen riesigen Haufen Fleisch vor mich stellte. ‹

(IT-Branche)

Bon Appétit!

› Zum Abschluss eines Projekts mit einem Volumen von über einer halben Milliarde Euro lud ich den Projektleiter unserer Partnerfirma zum Abendessen ein. Zur Sicherheit fragte ich meinen Chef: »Wir können ordentlich auf den Putz hauen, oder?« Darauf er: »Macht, was ihr wollt!«
Ich wählte ein Dreihaubenlokal. Wir gaben dort zu zweit mehr Geld aus als 20 Leute bei einem normalen Essen. Am nächsten Tag kam mein Chef: »Seid ihr wahnsinnig? Weine um 1.000 Euro!« Darauf ich: »Du hast doch gesagt, ich kann machen, was ich will … «
Ich hatte kein schlechtes Gewissen – bei einem Projekt dieser Größe wird es ja wohl möglich sein, einmal für ein paar Tausend Euro essen zu gehen. ‹

(Automobilbranche)

Ich bemühe mich gerade, die braune Pampe aus dem Einmachglas mit etwas Litschisaft hinunterzuspülen, als mir die attraktive Blondine vom Nebentisch plötzlich zulächelt und mit ihrer Kaffeetasse scherzhaft zuprostet. Kennt sie mich etwa? Nicht ganz unwahrscheinlich, schließlich gehöre ich nach Meinung mancher Mancher Bracheninsider zur »Elite von morgen« und hatte auch schon mal ein Porträt mit Bild im Karriereteil der Frankfurter Allgemeinen Zeitung. Ist zwar schon einige Zeit her, aber immerhin! Ich grüße charmant lächelnd zurück. Man weiß ja nie – vielleicht ist sie eine Headhunterin und hat einen der Topjobs der französischen Industrie zu besetzen? Dazu würden auch die zahlreichen Tageszeitungen passen, die sie gezielt und konzentriert durchblättert.

Eigentlich sollte ich langsam zu meinem Meeting aufbrechen, stattdessen bestelle ich einen weiteren Espresso. Doch so oft ich auch noch nach rechts blicke, die Blonde verweigert sich beharrlich jedem weiteren Blickkontakt. Schade. Wer weiß, vielleicht ist sie ja gar keine Headhunterin, sondern Vertreterin einer ganz anderen Branche und sitzt nur hier, um gutsituierte Geschäftsmänner »kennenzulernen«? Schließlich hat jedes bessere Businesshotel sein exklusives Angebot an Bordsteinschwalben (nach deren Top-3-Kriterien hat übrigens noch nie eine Studie gefragt). Als ich mich ein weiteres Mal – betont unauffällig – nach ihr umdrehe, ist »Pretty Woman« verschwunden. Egal, der Tag fing schon mal gut an, so kann es weitergehen!

11.00 Uhr, Was heißt eigentlich »Kretin« auf Französisch?

Wenn man seinen beruflichen Alltag über Landesgrenzen hinweg gestalten muss, dämmert einem irgendwann unweigerlich: Vieles an der fremden Kultur, was im Urlaub folkloristisch amüsant erschien, kostet im heimatlichen Job unendlich viel Zeit, nervt und kann mitunter selbst den friedlichsten Zeitgenossen zur Weißglut bringen. Jeder Manager eines internationalen Großkonzerns kennt solche Gefühle, auch wenn er noch so viele interkulturelle Lippenbekenntnisse von sich gibt. In so mancher Sitzung mit irgendwelchen »superwichtigen« Repräsentanten aus den gottverlassensten Winkeln dieser Erde, die einfach nicht aufhören, laut und unverständlich herumzukrakeelen, kann selbst der ausgeglichenste Menschenfreund plötzlich den Drang verspüren, die brennend heiße Beamerlampe zu nehmen und ...

Aber warum in die Ferne schweifen, wenn das Schlimme liegt so nah: Rund 1.500 amerikanische Konzerne betreiben im deutschen Sprachraum Tochterfirmen, die insgesamt 200.000 Menschen beschäftigen. Man möchte meinen, alleine der unternehmensinterne Dialog mit diesen Leuten muss schon einen Beitrag zum Weltfrieden leisten. Weit gefehlt: Als Deutscher gilt man im Ausland – allen Fußballfesten und Konzernkongressen zum Trotz – noch immer als a) humorlos, b) pedantisch und c) spießig. Mit so jemandem möchten die meisten Amis – über den unbedingt notwendigen, beruflichen Kontakt hinaus – lieber so wenig wie möglich zu tun haben. Fragen Sie einmal einen der »hochgeschätzten« deutschen Ingenieure im Silicon Valley, wie oft er schon von seinen Kollegen dort zum obligatorischen »Family Barbecue« eingeladen wurde. Kann er wahrscheinlich an seinen beiden Schnurrbarthälften abzählen. Da kann er noch so geniale Tüftlerarbeit leisten. Wenn es ums Wochenende geht, ist er draußen!

Und für die ewigen Möchtegern-Deutschen, die Schweizer und Österreicher, gilt natürlich dasselbe, quasi mitgefangen, mitgehangen.

So wie jeder Bewerber musste auch der letzte Neuzugang in meinem Team, die Kandidatin mit dem tollen Lächeln, im Zuge ihres Einstellungsprozesses einen Fragebogen ausfüllen: »Welche internationalen Erfahrungen konnten Sie bislang sammeln? Wie ‚divers' waren die Teams, in denen Sie arbeiteten? Und was lernten Sie daraus?« Nach Meinung unserer Personalabteilung soll das ein wirkungsvoller Test sein, um den »interkulturellen Fit« der Neulinge auszuforschen. Ich wage das zu bezweifeln.

Niemand, und sei sie noch so »Junior«, ist so bescheuert, im Rahmen eines Bewerbungsgesprächs für einen Großkonzern offen zu bekennen: »Ich musste leider ein Praktikum in England absolvieren. Es ist allgemein bekannt, dass der Engländer ein ignoranter, zumeist besoffener Snob ist, der nur an deine Wäsche will, und meine Londoner Kollegen waren da die allerschlimmste Bestätigung!« Solch eine Ansage wäre zwar erfrischend ehrlich, doch dafür sind die ja alle viel zu feige!

Stattdessen mutet einem ein streberhafter Job-Kandidat nach dem anderen die immergleiche Litanei todlangweiliger Erfahrungen und Erkenntnisse in den dubiosesten Aufgabengebieten zu. Selbst als Elefantenreiniger im Hindukusch hat man wahrscheinlich noch »spannende Einsichten in fremde Kulturen« gewonnen, die »den Wert zielgerichteter Arbeit im internationalen Kontext« lehrten. So vorhersehbar, so humorlos, so deutsch!

› Uns Deutschen liegt es nicht, Vertrauen aufzubauen, dieses »eisbrechende« Element ist uns fremd. Bevor man mit einem Franzosen oder einem Engländer sachlich diskutieren kann, muss man sich erst mal persönlich näherkommen. Aber das können wir leider gar nicht ... ‹

(Tourismus)

› Die Deutschen sehen immer das Negative, die Probleme, sie vermarkten sich nicht gut. Engländer und Amerikaner stellen als erstes heraus, was sie alles geschafft haben, wie klasse sie sind, während der Deutsche erst einmal anfängt, über alle möglichen Probleme zu sprechen. ‹

(Banken & Versicherungen)

› Wir haben in den USA ein Democenter für unsere neuesten Produkte, wo wir manchmal mit deutschen Kunden hinfliegen. Am Ende des Besuchs bitten wir die Kunden, auf einer Skala von -3 bis +3 zu bewerten, wie sie den Trip fanden.
Nach unserem letzten Besuch rief mich die verantwortliche Amerikanerin verzweifelt an: Was sie denn falsch gemacht hätte, die Bewertung durch meine Kunden sei so schlecht. Die hatten überall die Null angekreuzt, was für »erwartungsgemäß« steht. Ich erklärte der Dame, dass es meine Kunden super gefunden hätten, alle Erwartungen waren erfüllt worden. Doch die Amis kreuzen da immer »fantastic« an. Mit der »Null« hatten meine Kunden der armen Frau ein Ei ins Nest gelegt, das ihr den gesamten Bewertungsschnitt versaute. ‹

(IT-Branche)

› In Polen passierte ein totaler Fauxpas: Irgendeiner aus der Zentrale schickte einen deutschen Praktikanten zum polnischen Vorstand. Der Prakti sollte diesen Vorstand wegen irgendetwas interviewen. Welch ein Affront! Vorstand spricht bekanntlich nur mit Vorstand und dann schicken die einen Praktikanten ... Hier in Deutschland hätte ja auch kein Praktikant zum Vorstand gedurft. Aber für einen polnischen Vorstand reichte das allemal! ‹

(Banken & Versicherungen)

Mein tiefer Seufzer beim Thema »Interkulturalität« entspringt einer langen, leidvollen Erfahrung im internationalen Wirtschaftsverkehr. Amerikaner, Chinesen, Skandinavier, Inder, sogar Peruaner – seen that, done that, immer und überall gab es Schwierigkeiten! Kaum verlässt man die eigene Zivilisation, kommt es zum unausweichlichen Clash. Das scheint irgendwie ein Naturgesetz zu sein.

Der unangenehmste Clash von allen ist der mit unserem Finanzchef, der aus unerfindlichen Gründen in Frankreich rekrutiert wurde: Ein Gallier als CFO unserer Landesgesellschaft – Mon Dieu! Der gute Mann mag Connaisseur aparter Frauen, Froschschenkel und heroischer Schlachten des Ersten Weltkriegs sein; doch ein Franzose, der gut rechnen kann, will man uns verscheißern? Man muss sich doch bloß mal die Performance der französischen Automarken, Modelabels und vieler anderer Industriezweige anschauen, wo die einmal waren und wo sie mittlerweile gelandet sind!

Gleich bei unserem ersten Zusammentreffen sagte mir dieser Finanzvorstand glatt ins Gesicht, dass er schon viel von mir gehört hätte, aber »nischt alles« hätte ihm gefallen. Doch falls ich »willisch« sei, ihm zuzusehen und von ihm zu lernen, dann könne bestimmt »très, très vite« etwas aus mir werden! Ich schwöre, er hat das wörtlich so gesagt! Keine drei Minuten, nachdem wir uns das allererste Mal begegnet sind! Seither ignoriert mich Monsieur geflissentlich, obgleich ich – in schmerzhaftester Selbstverleugnung – mehr als einmal die Hand zur Versöhnung ausgestreckt habe. Immer wieder habe ich behutsam versucht, ihn und seine Controller-Klone näher an die unternehmerische Wirklichkeit heranzuführen. Weg von den grauen Zahlen, hinein ins pralle Wirtschaftsleben. Keine Chance! Monsieur le Directeur Financier war sich sogar zu gut, mich zum alljährlichen Galaempfang mit unseren wichtigsten Kunden zu begleiten: »Non, merci, isch abe su tun!« Wahrscheinlich fürchtete er neben dem Zorn über seine katastrophale Sparpolitik auch den Spott unserer Kunden wegen seines manierierten Akzents.

Frankophilie

› Keiner mag die Franzosen, wirklich! Die verstehen sich mit niemandem. Dieses Großkotzige, damit kommt keiner zurecht. ‹

(Tourismus)

› Den größten Culture-Clash hatte ich mit Franzosen. Ich habe ja eigentlich einen »französischen Hintergrund« – zehn Jahre in Frankreich gelebt, in Frankreich promoviert und so weiter. Und dann musste ich mit Franzosen in diesem Projekt arbeiten und wir brauchten ein halbes Jahr, bis wir uns so zusammenfanden, dass wir auch zusammen arbeiten konnten. ‹

(Beratungskonzern)

› Die Franzosen reagierten regelrecht unfreundlich, wenn sich in einer Diskussion niedrigere Hierarchiestufen direkt an höhere wandten. Die höher gestellten Franzosen ignorierten schlichtweg, was »einfache« Mitarbeiter zu ihnen sagten. Oder sie fielen den Kollegen ins Wort, damit nur hierarchisch »Ebenbürtige« mitdiskutieren konnten. ‹

(Telekommunikation)

Wir umrunden den Triumphbogen und der Taxifahrer hupt wie ein Verrückter. Der kleine verbeulte Peugeot kämpft sich ohne Rücksicht auf andere quer über alle Fahrbahnen in Richtung unseres Pariser Stadtbüros. Inmitten des Chaos kommuniziert der Fahrer vorzugsweise per Mittelfinger. Auch wenn der Franzose sonst ja kaum Fremdsprachen spricht – die internationale Sprache der Autofahrer beherrscht er fließend.

Noch circa zehn Minuten. Am Smartphone überfliege ich die Überschriften der letzten 100 E-Mails: Nichts vom Vorstand und auch nichts zu meinem anstehenden Termin, also unwichtig. Wie üblich markiere ich alles und schiebe es ungelesen in den Papierkorb. Als ich zahle, steckt mir der Taxifahrer zum Dank für das großzügige Trinkgeld lächelnd eine zweite, bereits unterschriebene Quittung über 50 Euro zu. Franzose hin oder her, Monsieur ist ein echter Profi! Zwischen all den Belegen, die Maria für meine Reisekostenabrechnung einreichen wird, wird diese zusätzliche Quittung sicher nicht weiter auffallen. Eine kleine Entschädigung für die Strapazen einer Geschäftsreise sozusagen ...

Kreativpotenzial

› Ich verliere laufend meine Taxiquittungen. Ich stopfe die in irgendeine Tasche im Jackett und wenn ich später die Reisekosten abrechne, finde ich sie nicht mehr. Die fehlenden Euros gleiche ich aus, indem ich bei den Spesen ein wenig »herumspiele«: Ich gebe zum Beispiel an, dass eine Dienstreise ein paar Stunden länger dauerte, damit ich einen höheren Ausgleich bekomme. Oder ich »vergesse« anzuführen, dass ich zum Essen eingeladen wurde und kassiere dafür Essenszuschuss. ‹

(IT-Branche)

› Wir werden jetzt zu »Corporate Governance« Schulungen im Intranet gezwungen: Plötzlich schaltet sich dein Rechner ein und will Antworten auf Fragen wie »Dürfen Sie sich selbst Quittungen für verlorene Reisebelege ausstellen?« Wenn man da einen Fehler macht, sagt er »Sie haben Schulungsbedarf!« und meldet einen als potenziell bestechlich. ‹

(Handel)

Das Hauptgebäude unserer französischen Filiale ist ein hässlicher 70er-Jahre-Zweckbau, der nur durch die ausgesucht hübschen Empfangsdamen aufgewertet wird. Das muss man ihnen lassen: Rezeptionistinnen aussuchen können sie, die Schlawiner! Charlotte, très chic und mit sexy Augenaufschlag, führt mich zum Besprechungsraum.

Ich bin an diesem Morgen gut gelaunt, obwohl die kommenden 90 Minuten durchaus unbehaglich werden könnten: Nicht nur, dass ich gleich Monsieur le Directeur Financier wiedertreffen werde. Er musste dieses unnötige Meeting auch noch extra in sein Heimatland verlegen, anstatt es einfach bei uns zu veranstalten. Nur wegen ihm muss die ganze Truppe nun für einen einzigen Termin nach Frankreich, aber bei so etwas spielen Kosten ja plötzlich keine Rolle! Zu allem Überfluss scheint es heute um ein neues Projekt zu gehen, das meinem schönen U-Boot gefährlich werden könnte. Ganz sicher bin ich mir da aber nicht, weil ich leider keine Zeit hatte, die Berge an Vorabunterlagen zu studieren. Aber Frau Kniester, meine »U-Boot-Kapitänin«, deutete etwas in der Richtung an. Und wenn sie ...
Ich bleibe abrupt stehen. Ich glaube die passende Phrase ist: »Wie angewurzelt!« oder: »Vom Donner gerührt!«. Irgendetwas mit Natur jedenfalls. Dort vorne, an der Stirnseite des Besprechungsraums, direkt neben unserer Finanzkatastrophe, sitzt die attraktive Blondine vom Frühstück! Jeder Zweifel ausgeschlossen! Ihr Namensschild weist sie als »Christine« aus, Sonderbeauftragte des Gesamtkonzernvorstands für Spezialprojekte. Blondie ist also weder Headhunterin noch Prostituierte, sondern eine ziemlich große Nummer in unserem Konzern und – zumindest theoretisch, wenn sie davon etwas wüsste – auch für mein U-Boot verantwortlich!
»Wie schön, Sie nun auch offiziell kennenzulernen!«, säusle ich, die Topmanager-Paul-Hecht-Maske aufziehend. Sie lächelt, freundlich und unverbindlich, und antwortet in tadellosem Deutsch: »Wir kennen uns bereits! Erinnerst du dich nicht, Paul? Der Cocktailempfang beim Senior Leaders Meeting letztes Jahr in New York ...« Sie kennt mich? Sie weiß meinen Namen? Wir sind per Du? Ich erinnere mich noch nicht einmal an jenen

Empfang, geschweige denn an unser Kennenlernen. Es gibt inzwischen so viele dieser Führungskräfte-Meetings, dass die Erinnerung daran zu einem einzigen zähen Brei wird: Topmanager Meetings, Senior Leaders Offsites, Executive Circles, Global 100 Conferences, ... Die Gesichter wechseln, die Themen und Phrasen bleiben immer gleich: »Das Beste kommt erst noch!« »Wir haben die feste Absicht weltweiter Marktführer im bla bla bla zu werden!« »Lasst es uns auf das nächste Level heben!« »Uns gehört die Zukunft.« Und was die konzertante Phrasendreschmaschine sonst noch so ausspuckt. Daher schalte ich dort regelmäßig geistig ab. Und blendete diese Christine anscheinend leider gleich mit aus ...

The show goes on and on

› Mein erstes »Global Leadership Meeting«! 400 Direktoren, Vice Presidents und andere wichtige Leute aus allen Teilen der Welt treffen sich im Silicon Valley. Ich bin ein wenig nervös, aber meine Erwartungen sind hoch.
An jedem Tisch sitzen zehn Personen und diskutieren. Man feuert uns an. Es sei wichtig, dass wir hier gemeinsam an der Zukunft des Unternehmens arbeiten. Die »Table-Leader« werden die Ergebnisse später allen anderen Tischen vorstellen und das wird unsere Strategie. Ich beobachte, wie mein Table-Leader immer wieder mit den Konferenzverantwortlichen spricht und von ihnen kleine Zettel zugesteckt bekommt. In einer Pause vergisst er einen dieser Zettel am Tisch: Darauf sind fertig vorformulierte Lösungen und Strategien notiert!
Unsere Diskussionen sind also nur eine Riesenshow, alles ist von vorne bis hinten durchchoreografiert! Ich bin unglaublich enttäuscht. Am Abend sprechen wir in kleiner Runde darüber und alle haben dasselbe Gefühl: Eine große Chance wurde vertan. ‹

(Internetbranche)

› In den letzten 20 Jahren machte ich unzählige Paradigmenwechsel mit, läutete neue Ären ein und schlug immer noch ein »weiteres Kapitel« auf. Nach all diesen Marketing-Säuen, die da durchs Dorf getrieben wurden, kann ich den Typen auf den Allhands-Meetings, Townhall-Meetings oder Global-Sales-Conferences einfach nicht mehr zuhören. Zu viel Unsinn, zu viel Selbstüberschätzung, zu wenig Realismus, zu wenig Nachhaltigkeit. Die immergleichen Versatzstücke aus dem Wortbaukasten demotivieren! ‹

(IT-Branche)

Gerade einmal zehn Minuten des Meetings sind vorüber und mir ist bereits grottenübel. Dieser wahnsinnige CFO scheint tatsächlich fest entschlossen, ausgerechnet hier in Frankreich ein ebenso sinnloses wie lächerliches »Innovationsprojekt« zu starten und mit einem Riesenbudget auszustatten. Paris soll zum »Global Headquarter of Idea Creation« für den gesamten Konzern werden. Ganz offensichtlich treibt Monsieur le CFO diese Schnapsidee aus rein persönlichen Interessen voran – er sieht darin sein »Rückfahrticket« in die französische Heimat: Vom CFO unserer Landesgesellschaft zum »Global bla bla bla of Idea bla bla bla.« Dagegen ist auch nichts einzuwenden, denn je schneller er sich wieder nach Frankreich zurückversetzen lässt und aus unserem Leben verschwindet, umso besser!
Wären da nicht die Finanzmittel in schwindelerregender Höhe, die er für diesen Alptraum egoistischer Selbstverwirklichung benötigt! Da diese Summen natürlich nirgendwo eingeplant wurden, muss dafür zwangsläufig Geld von anderen Projekten abgezogen werden. Die deswegen leider gestoppt werden müssen. Und sterben. Für unser schönes U-Boot-Projekt, an dem wir monatelang getüftelt haben, hieße das ebenfalls »Au revoir und bonne nuit!« Und das wäre nun wirklich eine Katastrophe!

Unerklärlicherweise macht auch diese Christine bislang keinerlei Anstalten, den Wahnsinn hier zu stoppen. Von einer Entsandten des Gesamtvorstands könnte man das eigentlich erwarten, die kann ja nicht ganz dumm sein. Doch auch sie ignoriert meine vorsichtig formulierten Bedenken geflissentlich. Sieht sie nicht, dass es zur ureigensten Aufgabe eines CFO gehört, kostbare Budgets einzusparen, anstatt diese sinnlos zu verschleudern? Aber Christine schweigt.

Hätte ich sie heute früh erkannt und mich rechtzeitig mit ihr abgestimmt, dann könnten wir das hier vielleicht noch gemeinsam zurechtbiegen. Doch Paul Hecht meinte ja, Pretty Woman wäre eine »Professionelle«! »Hätte«, »könnte«, »wäre«: Konjunktive zählen nie zum bevorzugten Vokabular eines Topmanagers. Das ist mir durchaus und schmerzhaft bewusst, doch was soll ich nun tun? Es fühlt sich an, als ob Paul Hecht gerade rasant zu einem Schwanzus Kurzus zusammenschrumpelt. Wenn ich mein kleines, feines U-Boot-Projektchen noch retten und nicht in wenigen Minuten als kompletter Schwanzus Nixus dasitzen will, muss es jetzt schnell gehen! Vor lauter Anstrengung, weiterhin professionelle Ruhe auszustrahlen, schwitze ich bereits in meinen neuen Kiton Made-to-Measure-Anzug, und das ist nicht gut.

Strategische Führung

› Ich glaube, dass über strategischen Entscheidungen gar nicht so stark nachgedacht wurde. Vieles passierte einfach. Es gab da keine großen strategischen Diskussionen, sondern im Prinzip versuchte man rein opportunistisch, das laufende Geschäft weiterzuentwickeln.

Bei einer Diskussion mit den Bereichsleitern sagte ich einmal: »Wenn wir ehrlich sind, haben wir doch gar keine Strategie!« Kurzes Schweigen und dann wurde einfach darüber hinweg gegangen. ‹

(Banken & Versicherungen)

› Im Beisein des Vorstands hielten wir den Lenkungsausschuss eines riesigen Projekts ab. Wie immer bei solch hochrangigen Meetings war im Vorfeld viel Arbeit darauf verwendet worden, alles fein säuberlich und bis ins letzte Detail abzustimmen. Und plötzlich stand einer der Teilnehmer auf und behauptete etwas gänzlich anderes, als wir vereinbart hatten.
Sofort versuchte ich, Blickkontakt aufzunehmen: Was ist los? Doch er schaute bewusst weg. Minutenlang. Da tat ich etwas, was mir weder vorher noch nachher in meinem Berufsleben passiert ist. Auch ich stand auf, schlug mit der Faust auf den Tisch und schrie: »Leute, jetzt ist Schluss mit lustig! Diese Scheiße trage ich nicht länger mit!« Totenstille und Totenstarre im ganzen Raum. Doch in dem Moment war mir das egal!
Überraschenderweise hatte das keine weiteren Konsequenzen. Bis auf eine Ausnahme: Für das Projekt war das so etwas wie ein Durchbruch, von da an ging alles viel schneller voran. ‹

(Beratungskonzern)

Tief einatmen, tief ausatmen und dann gehe ich ohne jede Vorwarnung zum Gegenangriff über. Abrupt unterbreche ich einen der Jungmanager und ersuche mit fester Stimme um Gehör. Werkzeugkasten des erfolgreichen Managers, Trick 001: »Ziehe maximalen Nutzen aus jeder (wie auch immer) gewonnenen Aufmerksamkeit!« Leicht überrascht, wenn auch mit einer gewissen Neugier, sehen mich Christine, der CFO und seine Entourage an. Sehr gut! Ihre Aufmerksamkeit habe ich, jetzt gilt es Leadership zu zeigen und meinen Mann zu stehen.
Manager-Werkzeugkasten, Trick 002: »Wenn nicht anders möglich, improvisiere!« In meinem Gehirn rast es. Während ich mich erhebe und die paar Schritte zum Whiteboard gehe, baue ich aus dem Stand eine »Argumentationskette« auf. Positiv besetzte Businessbegriffe müssen darin vorkommen und eine simple Grafik wie aus dem Kindergarten sowie die demonstrative Betonung

von Gemeinsamkeiten, damit sich alle wohl und abgeholt fühlen. Los geht's! Mit dem Edding quietsche ich die Schlagworte auf die Tafel und spiele die große Eloquenzkarte:

Links unten schreibe ich: »KOOPERATION Landesgesellschaft + CFO-EXPERTEN-TEAM = WIN-WIN«

Trick 003: »Man kann nie zu viele (fett geschriebene) Bullshit-Begriffe verwenden!« Da sie argumentative Lücken überdecken, hören die Zuhörer das, was sie hören wollen.

Rechts unten: »EFFIZIENTE Projektplanung: >15% SYNERGIESTEIGERUNG«

Die 15 Prozent habe ich eben erfunden. Wie soll man so etwas auch messen. Ein Uralt-Trick: »Hab keine Angst vor willkürlich ausgedachten, unüberprüfbaren Zahlen!« Vor allem, da dir in einem Konzern alles bis »20« ohnehin problemlos geglaubt wird.

Und nun die Mutter aller Management-Tricks: »Schinde Zeit, je mehr, umso besser!« Daher schreibe ich oben in die Mitte: »FACHGREMIUM sortiert PROJEKTE = TOPERGEBNIS«

Die Einberufung eines Fachgremiums, das erst einmal organisiert und eingerichtet werden müsste, bevor es beschickt werden kann, würde mir mehr als genug Zeit verschaffen, an unserem U-Boot weiterzubauen und es wie geplant »auftauchen« zu lassen. Ich würde gefeiert und hätte sogar noch Zeit, dieses Loser-Projekt hier so zu diskreditieren, dass es einige noch zutiefst bereuen werden, überhaupt an diesem Meeting teilgenommen zu haben.

Zum Abschluss male ich um die drei »Eckpunkte« meiner »Argumentationskette« ein gleichschenkeliges Dreieck, in dessen Mitte ich in riesigen Lettern ein einziges Wort male: »ERFOLG!« Das ergibt zwar nur begrenzt Sinn, schafft aber einen schönen Schlusspunkt. Ohne irgendjemanden anzusehen, setze ich mich wieder.

Chefsache

› Führungskräften fällt es schwer zuzugeben, dass sie etwas nicht verstehen. Mein Chef schaffte es nie, mich irgendwas zu fragen. Seine Sekretärin meinte einmal zu mir: »Der hatte richtiggehend Angst davor.« ‹

(Banken & Versicherungen)

› Ich nahm in Frankreich an einem dieser Führungsworkshops teil. Den ganzen Tag wurde intensiv diskutiert. Danach ging ein Mitglied der französischen Delegation zum Président-Directeur Général und holte sich von diesem die Entscheidung ab, die schon lange davor getroffen worden war. Der ganze Workshop war nichts weiter als eine Hygienemaßnahme für die Teilnehmer. ‹

(Medien)

› Seit Jahren waren mein Team und ich für die gesamte Jahresplanung verantwortlich. Als ein neuer Geschäftsführer kam, kritisierte der die Methodik, die wir anwandten. Man merkte sofort, dass der eigentlich keine Ahnung hatte, doch er beharrte leidenschaftlich auf seiner Meinung: »Sie machen das falsch!« Er erklärte jede weitere Diskussion zur Zeitverschwendung, setzte seinen Willen durch und wir mussten die Planung so machen, wie er es wollte. ‹

(IT-Branche)

Es ist vollkommen still. Keiner sagt etwas, auch die werte »Sonderbeauftragte des Gesamtkonzernvorstands für Spezialprojekte« nicht. Das ist mal wieder typisch: Nach außen einen auf große Mackerin machen, auf allen Führungskräfte-Meetings vorne mit dabei und mit superlangem Titel auf der Visitenkarte, aber nach innen – wenn es wirklich darauf ankommt – lieber schön den Mund halten und sich ja nicht mit einem CFO anlegen, selbst wenn der nur aus einer Landesgesellschaft kommt. Wieder so eine, die nur darauf aus ist, ihre tolle Position zu wahren, egal was das am Ende für das Unternehmen bedeutet!

Mit einem merkwürdigen Lächeln auf dem Gesicht sieht mich Monsieur le Directeur Financier kurz an und sagt dann: »Lasst üns abstimmen! Wer ist 'afür, diesen Vorschlag von Monsieur 'echt ansunehmen? Isch sage ganz offen, mir gefällt nischt, aber das soll eusch nischt beeinflüssen!« Niemand hebt die Hand. »Und wer von eusch ist für ünseren Idea Maker, an dem wir so intensiv gearbeitet 'aben«? Er sagt das wirklich so, mit Betonung auf »WIR«. Natürlich gehen alle Hände in die Höhe. Diese Geisteskranken schießen tatsächlich gerade mein glänzendes U-Boot ab ... und sie wissen es nicht einmal! Meine Pläne, die ganzen Entwicklungen, unsere Zukunftsvisionen – alles umsonst und verloren!

Ich entschuldige mich, gehe entschlossen aus der Tür und aufrecht zur nächstliegenden Toilette und erbreche mein Frühstück. Schweißnass lehne ich an der gekachelten Wand. Es ist so still, dass ich meinen eigenen stoßweisen Atem höre. Ich muss zugeben: Die Ähnlichkeit der Person, die mich da aus dem Spiegel mit geröteten Augen anblickt, mit der eines allseits bewunderten Kronprinzen in einem der führenden Weltkonzerne hält sich momentan eher in Grenzen.

Opfer

› Ich wurde von der Führung in einen Workshop gehetzt, wo aufgrund einer langen, unerquicklichen Vorgeschichte alle Teilnehmer praktisch nur darauf warteten, jemanden mit gewetzten Messern aufzuspießen und an die Wand zu nageln.
Genau das taten sie dann auch. Und ich war das blauäugige Opfer. Ich rannte aus dem Meeting, auf die Toilette, brach in Tränen aus, lief zu meinem Auto und fuhr zum ersten Mal in meinem Leben schneller als 220km/h. Ich schwor mir: »Nie wieder gehe ich dorthin zurück!« ‹

(Beratungskonzern)

Ich gebe mir fünf Minuten, dann ist es genug des Schwächelns und ich schicke aus der Toilette, vom Handy, eine Drei-Worte-E-Mail an Frau Kniester: »PROJEKT SOFORT STOPPEN!« Schlacht und U-Boot sind verloren, es wäre sinnlos, auch nur einen Tag länger zu kämpfen. Situation erfasst, Entscheidung getroffen, emotionslos durchgezogen. Das ist auch etwas, das ich an diese verdammte Tafel hätte malen können: »GRÖßE des MANAGERS = MUT zur ENTSCHEIDUNG!« Selbst wenn es schwierig ist und Opfer fordert. In diesem Fall wird es leider die Kniesterin treffen, sie wird für diesen Fehler bezahlen müssen. Natürlich tut es mir leid um sie, doch bei solch einem Desaster müssen Köpfe rollen, das ist eiserne Konzernlogik. Sie hatte die Aufgabe, ihr U-Boot sicher zum Auftauchen zu steuern und das hat sie grandios verbockt. Nun zahlt sie den Preis, so einfach ist das. Mein Handlungsspielraum ist da leider beschränkt: Ich kam, sah und ich habe entschieden, was zu entscheiden war. Mehr geht nicht.

› Ich habe gelernt, ehrlich zu sein. Die Leute schätzen es, wenn man die Wahrheit sagt, auch wenn die Entscheidung hart ist und vielleicht sogar die eine oder andere Träne fließt. ‹ (Internetbranche)

Entscheidungsstärke

› Nach all den Jahren überrascht mich immer noch die Machtlosigkeit der Chefs. Klar, die haben tolle Gehälter, werden als strategisch beschlagen positioniert und gebärden sich in Meetings als Einpeitscher. Aber nüchtern betrachtet sind die meisten Chefs nicht viel mehr als eine weitere Aggregationsebene in einem Organigramm. Praktisch können sie bestenfalls ein paar Leute von links nach rechts verschieben, Projekte mit fünf oder doch sogar zehn Leuten besetzen und neue Leute statt nach Spanien lieber nach Norwegen beordern. Die wirklich wichtigen Dinge aber wie Produktportfolio, Produktqualität, Preise oder Prozesse können sie nicht beeinflussen. Da haben die null Einfluss. ‹ (IT-Branche)

14.30 Uhr, Rückflug

An Tagen wie diesen wünscht man sich keinesfalls Unendlichkeit, sondern man möchte am liebsten jemandem eine reinhauen. Da selbiges in einem Flugzeug eher nicht opportun ist, begnüge ich mich damit, dem schnarchenden Fettklotz neben mir genüsslich meine Kaffeesahne über die Laptoptastatur zu gießen. Doch wirklich besser fühle ich mich danach auch nicht.

Die Active-Noise-Reduction-Kopfhörer mit einem Live Recording von Wynton Marsalis' »A Fiddler's Tale« im Ohr, lehne ich mich zurück und denke nach: Was als kleine Reise an die Seine, als unbeschwerter Kurzausflug mit integriertem Geschäftstermin geplant war, entwickelte sich zu einem wahren Horrortrip: Mega-Sonderbeauftragte nicht erkannt, von Finanz-Kretins ausgetrickst, U-Boot abgeschossen und zu allem Überfluss auch noch gekotzt. Und all das, obwohl ich meine Karten die ganze Zeit brav nach Konzernlehrbuch spielte. Gewiss, ab und an unterlaufen selbst den Besten hie und da kleine Fehler. Aber hier lief nun mal wirklich alles schief. Und zu allem Überfluss hatte ich auch vergessen jemanden mitzunehmen, dem ich noch vor Ort die Verantwortung hätte überstülpen können. »Hätte« – da ist er wieder, der verdammte Konjunktiv! Merde, merde, merde!

Fehlertoleranz

› Wir haben eine Nullfehlerkultur. Fehler zu machen, ist nicht Teil unserer Kultur. Wer einen Fehler macht, wird mit interner Verbannung bestraft und findet sich schnell in Timbuktu wieder. ‹

(Automobilbranche)

› Wenn etwas schief geht – die Oberen erwischt es nie! Bei einem supergeheimen Projekt wurden die Daten aller Lieferanten in einem IT-System gespeichert: Wer bietet was zu welchem Preis an? Welcher Zulieferer ist günstiger als der andere? Etc. Das System konnte eine Liste auswerfen, auf der man den aktuellen Status sah. Ein wahrer Goldschatz für jeden der Zulieferer und daher extrem vertraulich!
Einer der Chefs bat, dass ihm diese Liste per E-Mail geschickt werde. Und ein Kollege, dieses arme Schwein, drückte auf den falschen Knopf und schickte die Liste statt an den Chef – an alle Lieferanten! Jeder konnte nun alles von den anderen sehen, der ultimative Super-GAU! Den Kollegen feuerten sie sofort, den Chef dagegen nie. Obwohl der doch die schwachsinnige Anweisung mit der E-Mail gegeben hatte. ‹

(Automobilbranche)

› Ein Projekt zur Installation eines neuen IT-Systems lief schon zwei Jahre. Aber erst nachdem man das neue System mit großem Aufwand bereits in zwei Ländern implementiert hatte, merkte man: Es funktioniert nicht, und blies alles ab. Da hatte das schon 100 Millionen Euro gekostet, einfach in den Sand gesetzt!
Für die handelnden Personen hatte das überhaupt keine Konsequenzen. Je größer der Fehler, umso weniger Konsequenzen gibt es. Wenn ein kleiner Mitarbeiter bei einer kleinen Sache einen kleinen Fehler macht, dann wird er bestraft. Aber bei diesen fetten Sachen, wo sich alle hundert Mal abgesichert haben, da ist nie einer schuld. ‹

(Banken & Versicherungen)

Kurz vor der Landung weckt mich das Geräusch einer eingehenden SMS. Mein widerlicher Sitznachbar starrt mich entgeistert an, wahrscheinlich befürchtet er wegen meines Handys einen sofortigen Absturz. Erneut bekämpfe ich erfolgreich den Drang, ihm körperlich weh zu tun, und lese stattdessen, was unser CEO in seinem typischen Krypto-Stakkato-Stil schreibt:

»K-G ANRUFEN! ASAP! MA KRIM! BEST! THX!«
Bis zum zweiten Ausrufezeichen ist die Nachricht noch klar und verständlich: Ich soll bei der Prozess-Polizei (K-G = Klaus-Günther) anrufen, und zwar schnellstens (ASAP - As Soon As Possible). Aber warum? Was zum Teufel soll »MA KRIM« heißen? MitArbeiter von der Krim? Brauche ich nicht, ich habe schon zwei Polen im Team, herzlichen Dank! Und das »BEST« vor dem unpersönlichen Dankeskürzel THX (für THanX)? Der BESTe? Ein BESTimmter? BEStrafung? Und was hat Klaus-Günther damit zu tun? Da man die SMS seines CEOs jedoch nicht einfach löscht, und sei sie noch so sinnlos, leite ich sie – mit drei Fragezeichen versehen – an Maria weiter. Soll sie doch versuchen, das wirre Getippsel zu entschlüsseln.
Kaum von Bord, läutet auch schon mein Handy. Maria klingt nervös: »Alle sprechen davon, Mr. Paul! In unserem Team ist ein echter Krimineller!« Hörbar erregt eröffnet mir meine Assistentin, dass Klaus-Günthers Prozess-Truppe im Zuge ihrer Sieben-Unterschriften-pro-Vertrag-Recherche bei einem meiner Abteilungsleiter auf »Unregelmäßigkeiten« gestoßen sei. Aha, »MA KRIM« steht also für krimineller Mitarbeiter. In meinem Bereich? Klaus-Günther hätte mich diesbezüglich in mehreren E-Mails vorgewarnt. Er hat scheinbar erwartet, dass ich die lese, doch da hat er sich getäuscht und deswegen höre ich jetzt zum ersten Mal, dass sich der erbärmliche Abteilungsleiter BESTechen ließ. Und nicht nur das, er ließ sich dabei auch noch von den Prozess-Polizisten erwischen. Und die wiederum hatten nichts Besseres zu tun, als unserem CEO alles brühwarm zu erzählen. Scheiße! Was ist denn heute bloß los?
Intuitiv treffe ich eine Entscheidung: Es ist zwar erst mitten am Nachmittag, doch für heute mache ich Schluss! Es sieht ganz danach aus, als ob der morgige Tag auf der nach oben offenen Schei-

ße-Skala ziemlich genau dort anschließen wird, wohin es der heutige mühelos geschafft hat. Ein wenig Ruhe vor dem zu erwartenden Shitstorm kann da nicht schaden. Auch Topmanager brauchen ein Minimum an Auszeit und es ist einfach zu verlockend, meine Work-Life-Balance in diesem ganzen Chaos ausnahmsweise einmal stärker am Otto Normalbürger auszurichten und in Richtung »Life« zu verschieben.

Work-Life-Balance

› Ich hatte einen Projektleiter, der brauchte keinen Schlaf. Der arbeitete bis 2.00 Uhr in der Früh und setzte dann, wenn er mit seiner Arbeit fertig war, noch ein Team-Meeting an. Der dachte sich nichts Böses dabei, wenn wir um 3.00 Uhr morgens in seinem Zimmer auftauchen und Meeting machen mussten. Ich schlief dort laufend ein. Auch wenn klar war, dass man als jemand, der das nicht aushält, sicher nicht weit kommen wird … ‹

(Beratungskonzern)

› Als sich abzeichnete, dass aus einem frühabendlichen Termin mit dem Vorstand nichts werden würde, hieß es aus dessen Sekretariat, ich solle mich bitte »auf Abruf« weiter bereithalten. Stundenlang hörte ich nichts und als ich um Mitternacht nochmals nachfragen wollte, waren schon alle gegangen.
Am nächsten Morgen wurde ich erneut im Sekretariat vorstellig. Leicht betroffen entgegnete man mir dort: »Sie haben doch hoffentlich nicht die ganze Nacht gewartet!« ‹

(Handel)

› Ich war zum runden Geburtstag unseres Geschäftsführers eingeladen. Ich saß da mit ihm, seiner Schwester und zehn Kollegen. Sonst war niemand gekommen. Der Mann hatte offenbar keine privaten Freunde. ‹

(IT-Branche)

› Mein Chef erzählte stolz, wie er an einem Weihnachtsabend noch ganz dringend eine wichtige Sache für einen Kunden hatte erledigen müssen. Während zu Hause schon die Lichter am Christbaum brannten, saß er im Büro. Das einzige Problem war, dass seine vierjährige Tochter ohne Papi Weihnachten gefeiert hatte und schon längst im Bett war, als er nach Hause kam. Er schloss die Geschichte mit den Worten: »Aber der Kunde geht immer vor, nich' wahr?« ‹

(Beratungskonzern)

CF 087BJ

Mittwoch, Vormittag

9.00 Uhr, Außerplanmäßiges Meeting mit einem kriminellen Abteilungsleiter

Das Forschungsteam einer amerikanischen Eliteuniversität will Folgendes herausgefunden haben: Die Mitarbeiter von Konzernen, in denen die Unternehmenskultur besonders stark ausgeprägt ist, beginnen automatisch eine einheitliche »Business-Sprache« zu sprechen, ungeachtet ihrer tatsächlichen Muttersprache. Eine starke Konzernkultur führe nämlich dazu, dass sie Informationen gleich aufnehmen und die gleichen Schlüsse daraus ziehen, egal aus welchen Fachgebieten und von welchen Kontinenten sie ursprünglich kommen. Dagegen verstünden sich Mitarbeiter aus unterschiedlichen Konzernen, mit unterschiedlichen Kulturen, oft gar nicht, selbst wenn sie dort eigentlich den exakt gleichen Job hätten, so die amerikanischen Professoren.

Renommierte Forscher fanden auch schon heraus, dass Bienen depressiv werden, wenn man sie schüttelt, dass dünne Menschen im Regen weniger nass werden, wenn sie langsam gehen und dass es eine klare Korrelation zwischen der Anzahl vergebener Nobelpreise und der Menge verkaufter Schokolade in einem Land gibt. Alles hochgradiger Blödsinn mit akademischem Gütesiegel, wenn Sie mich fragen!

In unserem Unternehmen wird »Konzernkultur« fett- und großgeschrieben: Kaum eine Woche ohne Appell, doch bitte unsere Kultur zu leben, kaum ein Halbjahr ohne »Cultural Workshop«, keine Beförderung ohne Hymne auf die kulturelle Vorbildwirkung des Beförderten. In den Gängen hängen – gerahmt! – weise Sprüche zur Unternehmenskultur. Das erinnert fatal an DDR-Fabriken, wo man an den tristen Wänden Weisheiten wie »Von der Sowjetunion lernen heißt siegen lernen!« verkündete. Hat auch keiner geglaubt.

Der größte Fan einer alles vereinnahmenden Kultur ist unser Chef, der CEO unserer Landesgesellschaft! »Culture Vulture«, Kulturgeier, nennen sie ihn, weil er beständig in lichten Höhen über uns kreist und über die Einhaltung »seiner Konzernkultur« wacht. Was genau diese, seine, unsere Konzernkultur sein soll, darf man mich aber nicht fragen – ich weiß es nicht und es interessiert mich auch nicht! Kulturgewäsch und Gehirnwäscherei bitte ohne mich! Es funktioniert ja auch nicht: Muss man sich nur Prozess-Klaus-Günther, Betriebsrats-Manfred und mich ansehen! Allen gutmenschlichen Appellen und Geierattacken zum Trotz leben wir – Gott sei Dank – nach wie vor auf völlig unterschiedlichen Planeten, wenn nicht gar in unterschiedlichen Galaxien, so wenig haben wir gemein. Und das nach Jahren intensivster Unternehmenskultur-Berieselung. Aber mich fragen die Damen und Herren Ami-Forscher ja nicht.

Hochkultur

› Als wir mit einem anderen großen Unternehmen fusionierten, wurde lange debattiert, wie wir die vielen kulturellen Unterschiede auflösen könnten. Ein Thema waren die Dienstwagen der Führung! Zum ersten Treffen kam jeder unserer neuen Partner mit einem dunklen Audi A8, alle mit Chauffeur. Ihnen gegenüber standen unsere etwas bunteren Porsches, Jaguare und Ferraris. Definitiv nicht von Chauffeuren zu fahren. Entscheidung: Keine Vereinheitlichung, jeder behält sein Auto! ‹

(Beratungskonzern)

› Es gibt einen gemeinsamen, kulturellen Nenner im Konzern: Ab 10.30 Uhr vormittags wird allerorts mit »Mahlzeit« gegrüßt. ‹
(Telekommunikation)

› Von außen mag unser Konzern, mit all seinen Traditionen, extrem konservativ, wenn nicht sogar spießig aussehen. Intern aber identifizieren sich alle hier mit dem Unternehmen und vertrauen einander – auch dem Management. ‹
(Industrie)

› Die Verbundenheit mit der Firma ist so stark, dass zur Weihnachtsfeier unseres Bereichs 295 von 300 Leuten kamen, zum Teil stundenlang angereist. Die restlichen fünf waren krank. ‹
(Industrie)

Eines weiß inzwischen sogar ich über unsere mayagleiche Hochkultur: Sie baut auf sorgsam definierten »Kernwerten« auf, die (und da bin ich mir sicher, ohne sie je gelesen zu haben) so schrecklich abstrakt, pathetisch und platt formuliert sind, wie es dem nussgroßen Gehirn eines Geiers entspricht. Ganz sicher enthält jeder »Kernwert« ein Stück Kundenorientierung, ein Pfund Sozialbewusstsein, eine Prise Innovation und ist nicht zuletzt mit dem zuckersüßen Aufguss namens »Respekt« verklebt.
Alles Weitere liegt bei Maria; es ist ihre Aufgabe, sich mit diesen Dingen auszukennen. Seit ich sie zu meiner offiziellen »Werte-Botschafterin« ernannt habe, delegiere ich den ganzen Kulturplunder mit großer Freude an sie. Und mit ebenso großer Freude trägt sie ihren neuen Titel und pflastert ihr Arbeitszimmer – mein Vorzimmer – mit hässlichen Postern voller aufbauender »Messages« zu: »Die Welt ist so schön, wenn sich alle ganz doll lieb haben!« vor buntem Regenbogen. Man kennt das. Sie lernt diese blöden Werte sogar auswendig, nur um sie mir bei Bedarf einflüstern zu können. Wirklich voll lieb!

Wert-voll

› Wenn du jahrelang in einer stark werteorientierten Firma bist, dann werden die Unternehmenswerte irgendwann auch zu deinen Werten. Du lebst sie, die anderen leben sie. Bis zu einem gewissen Grad ist das sogar ein wenig sektenähnlich. ‹ (Industrie)

› Es gab so eine Wertetabelle, auf der standen fünf Kernwerte: Respekt und Loyalität dem Mitarbeiter gegenüber, wir sorgen für die Umwelt und lauter solche Dinge. Neue Mitarbeiter mussten das unterschreiben, was ich grotesk fand: Die hatten dazu doch überhaupt keinen Bezug! Werte sind etwas Unumstößliches, die hat man oder man hat sie nicht. Wenn dir jemand plötzlich vorschreibt, »Von nun an sind das deine Werte!«, dann werden die doch bestimmt nicht mit deinen persönlichen Werten identisch sein. Wie kann man so etwas unterschreiben? ‹ (Beratungskonzern)

› Mein Job war so eine Art Geheimagent. Meine offizielle Aufgabe war ein Bluff – inoffiziell prüfte ich, ob die Leute sich entsprechend der Unternehmenswerte verhielten. Jeden zweiten Tag sollte ich berichten: Sind die Leute in der Niederlassung in Ordnung? Geht man dort ordentlich miteinander um? ‹ (Medien)

› Um unseren Unternehmenswert »Soziale Verantwortung« zu leben, gibt es einmal im Jahr den «Support your Community"-Tag: Da reparieren wir in Kindergärten Spielzeug, streichen die Wände von Behindertenwerkstätten oder teilen in Obdachlosenheimen Essen aus. Hört sich gut an, hat aber mittlerweile einen schalen Beigeschmack. Da fährst du im fetten Firmenwagen vor dem Obdachlosenheim vor und teilst dann dort schön Suppe aus. Nur damit du am Abend sagen kannst: »Jetzt fühle ich mich gut, ich habe etwas für arme Leute getan!" Und am nächsten Tag denkt man wieder darüber nach, wie man weitere Jobs nach Osteuropa oder Asien auslagern kann, um Personalkosten zu sparen ... ‹ (IT-Branche)

› Ein Vertriebsmitarbeiter fälschte Unterschriften, um seinen Umsatz hochzutreiben und mehr Provision zu kassieren. Als das aufflog, hieß es aber nicht, »Der muss gefeuert werden!«, sondern »Armer Junge! Der große Druck, den die Firma und seine Chefs auf ihn ausübten, war schuld.« Er habe das nur getan, um sich zu schützen, aus Angst um seinen Job. So als ob unsere leistungsorientierte Unternehmenskultur an seinem kriminellen Fehlverhalten schuld gewesen wäre. ‹

(Internetbranche)

Ich hasse Frühtermine! Der Schlaf zwischen sechs und sieben Uhr früh ist mir heilig! Und heute musste ich ungemütlich früh aufstehen, nur um mich auf einen Termin mit einem kleinkriminellen Abteilungsleiter vorzubereiten. Ich hasse den Typen! Und auch mein Anruf beim obersten Prozess-Polizisten verbessert meine Laune nicht, im Gegenteil: Als ich Klaus-Günther nach den Hintergründen der ganzen Aufregung befragen will, muss der gerade seine Kinder in den Kindergarten bringen und wegen des infernalischen Gebrülls im Hintergrund verstehe ich nur einzelne Wortfetzen: » ... mit dem Einkauf gemeinsame Sache ...! ... klarer Missbrauch von Prozessvorschriften ... Prozessvorschriften!! Nicht an den Bestbieter ... Gewinn geteilt ... Prozess!«

Wortlos lege ich auf. Trotz Klaus-Günthers unwürdigem Gestammel ist klar, was da ablief. Da hielt sich mal wieder jemand für den großen »Systemaustrickser«, etwas, woran schon ganz andere scheiterten. Der scheinbar »idiotensichere Trick«, den sie alle probieren und der seine magische Anziehungskraft auf echte Idioten nie zu verlieren scheint, geht so:

Erster Akt: Ein Mitarbeiter mit Budgetverantwortung (diesmal: mein Abteilungsleiter) kommt auf die tolle Idee, direkt mit Lieferanten zu verhandeln, ohne die Einkaufsabteilung einzubinden, wie es eigentlich Prozessvorschrift wäre, was Klaus-Günther hörbar in die Nähe eines Herzinfarktes brachte (»Prozessvorschrift!!«).

Zweiter Akt: Der mit dem Budget unterbreitet einem Lieferanten ein konspiratives und – wie er glaubt – unschlagbares Angebot. Der Budgetverantwortliche: »Du, ich habe da eine super Idee, wie wir beide ganz schnell etwas dazuverdienen können! Ist zwar nicht ganz korrekt, tut aber niemandem weh und funktioniert garantiert.« Der Zulieferer: »Na, da bin ich ja mal gespannt ...«

Dritter Akt: Sie verabreden den vermeintlich todsicheren Betrug, vorzugsweise bei kleineren Beträgen, denn – so glauben beide – das falle weniger auf. Der Budgetverantwortliche: »Wir wissen beide, dass deine Lieferung 10.000 Euro wert ist.« Lieferant (empört): »11.000 Euro!« Budgetverantwortlicher: »Na, meinetwegen 11.000 Euro. Pass auf, ich bestelle jetzt ganz offiziell für 20.000 Euro, informiere dann den Einkauf und du lässt dich von denen ›ausnahmsweise‹ auf 15.000 Euro herunterhandeln. Der Einkauf hat einen tollen Verhandlungserfolg und wir beide teilen uns später die 4.000 Euro Differenz zum Echtpreis! Alle sind happy!«

Finale: Der Zulieferer, der gierige Idiot, willigt ein.

Ich war natürlich nicht dabei, bin mir aber sicher, dass es genau so ablief. Tut es immer. Um nicht aufzufliegen, setzen alle diese Möchtegern-Gauner auf Lieferungen, die eher billig sind und regelmäßig bestellt werden. Denn erfahrungsgemäß werden solche Bestellungen am seltensten überprüft.

Nachspiel: Die Ganoven scheitern fast immer. So auch in diesem Fall! Mein Abteilungsleiter und sein »Brother in Crime« hatten dummerweise nicht damit gerechnet, dass Klaus-Günthers Truppe ausgerechnet ihre eine Bestellung auswählte, um den optimierten Unterschriftenprozess zu modellieren. Denn das Prozessmodell funktioniert gerade bei den Einkäufen am besten, die relativ günstig sind und regelmäßig bestellt werden ...

Schmierereien

› Wenn man an Schmiergeld denkt, stellt sich die Frage: Wo zieht man da die Grenze? Ist die schon übertreten, wenn man von einer Hotelkette ein Angebot bekommt, als Stammgast mal 'ne Nacht länger umsonst zu wohnen? Ist das Schmieren? ‹ (Internetbranche)

› Im Konzern gibt es diesen Prozess der Entpersonalisierung: Für Dinge, die in kleineren Unternehmen im persönlichen Gespräch geregelt werden, gibt es im Konzern Prozesse, Handbücher und Regelwerke. Dadurch schwinden bis zu einem gewissen Grad auch die persönliche Zurechenbarkeit und das Verantwortungsgefühl des Einzelnen. Und da Vorschriften natürlich nicht alles regeln können, tun sich da manchmal Schlupflöcher auf, die dann ausgenutzt werden ... ‹ (Handel)

› Als Führungskraft musst letztlich du für jeden Mist geradestehen. Daher wird einfach alles, und sei es auch noch so unbedeutend, schriftlich dokumentiert. Darum mache ich jeden Tag 5.000 Häkchen, auch bei Sachen, die ich mir gar nicht mehr ansehe, weil ich ja irre würde, wenn ich da überall inhaltlich einsteigen würde. Den ganzen Tag geht es nur noch um diese Häkchen. ‹ (Banken & Versicherungen)

› Wir beschäftigen extra Leute, die mit unseren Lieferanten Vereinbarungen treffen sollen: Bei großen Auftragsvolumina sollen sie Freiflüge herausverhandeln, zusätzliche Dienstleistungen bekommen und so weiter. In der Abteilung kannst du natürlich ohne Ende Dinge drehen! Wenn die fürs Unternehmen offiziell und auftragsgemäß zehn Freiflüge und 20 kostenlose Hotelnächte organisieren, dann stecken die weitere zehn selbst ein. Das weiß ich genau! ‹ (Banken & Versicherungen)

› Man sagte mir, ich solle bei diesem Projekt mit einem »professionellen Lobbyisten« zusammenarbeiten. Als ich ihn anrief, verlangte er von mir – ohne jede Umschweife – ein Budget für Schmiergelder! Ich verneinte natürlich. Da verleumdete er mich konzernintern: Er hängte mir alle möglichen erfundenen Unregelmäßigkeiten an, erzählte Kollegen, ich hätte hinter ihrem Rücken schlecht über sie geredet und beklagte selbst bei unserer Geschäftsführung, dass ich die Beziehung zu ihm unrechtmäßigerweise abgebrochen hätte. Zum Glück hörte man nicht auf ihn! ‹

(Industrie)

› Jene Leute, die von unseren Zulieferern richtig teure Weinkisten bekommen, lassen sich die natürlich nicht ins Büro liefern. Nein, nein, die bekommen das nach Hause geschickt. ‹

(Handel)

› Damit wir nicht bestochen werden können, müssen alle Geschenke abgegeben werden. Oft sind das überdimensionierte Schampus-Pullen. Vor Weihnachten werden die dann eingesammelt und einem Seniorenheim übergeben. Die Alten da müssen am Jahresende total blau sein! ‹

(Handel)

Ich bin Realist: In einem Unternehmen unserer Größenordnung wird immer irgendwo Geld unterschlagen, etwas geklaut, jemand betrogen oder die Firma auf andere Weise hintergangen. Unter 200.000 Schafe müssen sich schon rein statistisch auch einige schwarze mischen! Aber warum muss einer dieser hirnverbrannten Schafsköpfe ausgerechnet aus meinen Reihen kommen? Und sich dann auch noch erwischen lassen, damit es alle Welt erfährt und ich mich nun zu allem Überfluss um diesen Scheiß kümmern muss?

Früher hieß es immer: Solange man keine goldenen Löffel klaut, fliegt man nicht raus! Aber »früher« war vor meiner Zeit. Ich stehe in den Startlöchern für eine Vorstandsposition in dieser Landesgesellschaft und kann mir kein Mitleid mit einem »MA KRIM« leisten. Von weniger verständnisvollen Kollegen kann einem so etwas schnell als Feigheit und Schwäche ausgelegt werden! Daher wird dieser Typ nun jemanden kennen lernen, den er noch nie gesehen hat: Very Angry Paul Hecht!

Schwarze Schafe

› Es geht ja schon bei den kleinen Dingen los: Jemand betankt sein Privatfahrzeug an der Firmen-Tankstelle. ‹

(Automobilbranche)

› Als wir in der Früh ins Büro kamen, fehlten bei einem Regal alle Regalbretter und die Ordner lagen in einem Haufen am Boden. Wir riefen bei der Gebäudeverwaltung an: Die wussten von keinen Umbauarbeiten. Wir fragten in den Büros der Kollegen nach – auch nichts! Plötzlich meinte jemand: »Vielleicht wurden die geklaut?« Wir lachten, wer klaut denn alte Regalbretter? Darauf sagte jemand anders: »Lasst uns mal in die Garage schauen.«
Und wirklich: In einem der geparkten Autos lagen unsere Bretter! Anfangs redete sich der Autobesitzer noch heraus, er hätte die Bretter nur »umgeräumt«. Aber der gehörte überhaupt nicht zu unserem Team und gab schließlich doch zu, dass er sie einfach gestohlen hatte. Gebrauchte Regalbretter!
Es wurde herumdiskutiert, ob man ihn entlassen solle. Aber da er bis dahin einen guten Job gemacht hatte, beließ man es bei einer Verwarnung. ‹

(Industrie)

› Einer meiner Mitarbeiter ließ sich für mehrere Monate krankschreiben und arbeitete während dieser Zeit heimlich als DJ auf Partys. Dummerweise postete er das in sozialen Netzwerken. Als ich ihn feuerte, ging er vor Gericht. Der Richter gab mir zwar recht, »bat« mich aber, ihm trotzdem ein gutes Zeugnis zu schreiben. ‹

(Internetbranche)

Werte-Theater

› Eine der Vorstandsassistentinnen hatte ein regelrechtes Warenlager angelegt und schob dort immer wieder Warenmuster hin. Beispielsweise bestellte sie im Namen der Firma drei Fernseher zum Ausprobieren, schob die dann schön in ihr Warenlager und vertickte sie schließlich auf eigene Rechnung. Scheinbar betrieb die ihr kleines Nebengeschäft jahrelang so!
Als eines Tages wieder einmal irgendwelche komischen Warenmuster geliefert wurden, fragte endlich jemand nach: »Wozu brauchen wir das Zeug eigentlich?« So flog das auf. ‹

(Handel)

› Hochrangige Manager werden bei uns teilweise mit Aktienoptionen bezahlt. Im Anschluss an ein Geschäftsleitungsmeeting, in dem die nicht so tollen Quartalszahlen besprochen worden waren, rief einer – auf dem Flur, vor jeder Menge Zeugen – seinen Bankberater an und wies den an: »Alles verkaufen!« Das war natürlich ein lupenreines Insidergeschäft und der Typ wurde sofort gefeuert. ‹

(IT-Branche)

Marias Kaffee ist dunkel wie sie selbst, angenehm stark und beruhigt mich etwas. Für den passenden Empfang des untreuen Abteilungsleiters hat meine Werte-Botschafterin »Kernwert 3a« ausgesucht: »Ehrlichkeit und Integrität bestimmen im allerhöchsten Ausmaße all unser Wirken und Handeln!« Ich gehe nicht wirklich davon aus, dass der Gauner, wenn er diese gespreizten Worte hört, weinend auf die Knie fällt und händeringend um Verzeihung bittet. Aber der Kulturgeier ist sicher stolz auf mich, wenn er erfährt, dass ich in einer solch kritischen Situation zu seinen Werten griff. Derart gewappnet warte ich am Fenster stehend, bis Maria Herrn MA KRIM hereineskortiert.
Als die Tür sich öffnet, herrsche ich ihn – ohne mich umzudrehen – an: »Setzen!« Es klingt, als ob man einem Hund etwas befiehlt.

Mein Ton gefällt mir: Tief, ruhig und fast emotionslos. Gefährlich! Dazu die sorgfältig einstudierte Position: Aufrecht stehend, dem Gegner den Rücken zugewandt, ein dunkler Schattenriss im morgendlichen Gegenlicht. Der Abteilungsleiter setzt sich und sagt nichts. Ich sage ebenfalls nichts und zähle still bis zehn. Nur das leise Summen der Tageslichtlampe ist zu hören. Ich zähle weiter bis 30, je länger die Stille andauert, umso unangenehmer wirkt sie. Sehr gute atmosphärische Wirkung! Da ich noch überlegen muss, wie ich am besten beginne, zähle ich erst mal weiter, bis 60. Dann wird mir langweilig und ich drehe mich um ...

Das Gesicht hinter den Händen verborgen, kauert der Mann zusammengesunken im Stuhl. Und zuckt leise. Um Himmels willen – er weint! Meine kleine Inszenierung hat ihn derart überwältigt, dass seine Abteilungsleiterwangen tränennass glänzen, wie bei einem zutiefst verzweifelten Kleinkind. Ich bin – man kann es nicht anders sagen – gerührt. Um 9.00 Uhr an diesem Mittwochmorgen steht Paul Hecht in seinem Büro und ist nicht mehr Very Angry sondern gerührt! Ein wohlig-warmes Gefühl durchzieht mich vom Kopf bis zum Schritt. Durch meinen Habitus, durch meine Stimme, durch mein taktisches Pausieren, durch meinen gesamten Auftritt habe ich einen erwachsenen Mann, immerhin Abteilungsleiter eines Weltkonzerns, zum Weinen gebracht. Ich will mich ja nicht selbst loben, aber ich bin gut! Es berührt mich zutiefst, WIE gut ich bin!

Unemotional

› Ich bin absolut überzeugt davon, dass alle Topmanager bis zu einem gewissen Grad Autisten sind. Diesen Stress, diesen Druck, auf Dauer hältst du das nur aus, wenn du dich emotional abkapselst. ‹

(Telekommunikation)

› Emotionen hatten im Job überhaupt keinen Platz. Denn Emotionen zu zeigen, hieß: Du hast dich nicht unter Kontrolle. Und das durfte es nie geben, unter keinen Umständen. Man musste immer »souverän« auftreten! ‹

(Beratungskonzern)

› Wenn ich einem Mitarbeiter etwas Unangenehmes zu sagen habe, vereinbare ich unter einem Vorwand ein Gespräch und wir setzen uns zusammen. Dann lege ich die Punkte auf den Tisch, sehr faktenbasiert. So etwas ist für mich relativ unemotional. ‹

(Beratungskonzern)

› Es gab diesen einen sehr guten Manager, der an einem superstressigen Projekt arbeitete. In der Woche vor Projektabschluss hatten alle nur wenig geschlafen, es galt, rechtzeitig fertig zu werden. Als die Abschlusspräsentation endlich geschafft war, ging man nach Hause, um nach langer Zeit endlich wieder einmal auszuschlafen. Auch dieser Manager ging nach Hause – und brachte sich um! Er hatte noch geholfen, alles fristgerecht und ordnungsgemäß fertigzustellen, dann ist er ab nach Hause und erschoss sich!

Sein Tod war natürlich erschütternd, weil niemand damit gerechnet hatte. Fast noch erschütternder war allerdings die Art, wie die Firma mit dem Fall umging: Das wurde komplett unter den Teppich gekehrt. Da durfte nichts nach außen dringen, eine fürchterliche Vertuschungsaktion. Man schob es auf »persönliche Probleme« und das war's! ‹

(Beratungskonzern)

› Jeder sitzt im Hamsterrad, das sich immer schneller dreht. Bei uns gab es einen, der meinte, immer schneller und noch schneller rennen zu müssen. An sich war das ein sehr guter Typ, aber dadurch, dass er immer schneller wollte, aber nicht schneller konnte, hat er sich wohl irgendwann gesagt, »Ich kann nicht mehr!«, und ist aus dem Fenster gesprungen. ‹

(Beratungskonzern)

Als Topmanager ist man darauf gedrillt, auch mit schwierigsten Situationen schnell, fachlich versiert und maximal effektiv umzugehen. Unpopuläre Entscheidungen gehören zum Job, dafür wird man bezahlt. Umso überraschender, dass ich jetzt schon fast eine ganze Minute lang nach den richtigen Worten suche. Das ist man von mir eigentlich nicht gewohnt. Verdammte Gefühlsduselei!

»Sie kennen unseren Wertekatalog?« Ein guter Einstieg. Das distanzierte »Sie« kam automatisch, eigentlich sind wir bereichsintern alle per Du. Doch in dieser Situation passt es perfekt. Ich bin wieder im Hochperformance-Modus. Mein Abteilungsleiter nickt stumm. »Dann wissen Sie auch, dass einer davon unser Handeln im allerhöchsten Ausmaße bestimmt?«, fahre ich fort. Verflucht sei dieses gestelzte Rosamunde-Pilcher-Gewäsch des Kulturgeiers! Diese eine unsägliche Phrase ist das Einzige, was mir von »Kernwert 3a« noch erinnerlich ist. Während ich krampfhaft überlege, was wohl davor kam, suchen meine Augen nach dem Zettel, auf dem Maria 3a für mich notiert hat. Verschwunden!

Doch der Heuler nickt ohnehin brav, also weiter im Text. Oder besser gesagt im Schweigen; einmal geht's noch: ich zähle still bis 15! Und schließe überraschend sanft: »Na gut, dann wissen Sie ja auch, was zu tun ist! Bitte gehen Sie jetzt!« Die rotverweinten Augen sehen mich erstaunt an – Das war's? –, dann nickt er ein letztes Mal, steht eiligst auf und rennt fast hinaus. MA KRIM has left the office!

Maria steckt ihren Lockenkopf herein: »Was war das denn?« Sie meint etwas anderes, aber ich habe es schlicht und ergreifend nicht übers Herz gebracht, dieses nickende Häufchen Elend hier und jetzt zu feuern. Abgesehen davon, dass das ohne Hinzuziehen eines Personalers vermutlich ohnehin nicht in Ordnung gewesen wäre. Schwamm drüber, was am Ende des Tages zählt, ist einzig und alleine, dass mein taktisch ausgefeiltes Vorgehen aus einem verbrecherischen Saulus in nicht einmal 30 Minuten einen feurigen Paulus-Loyalisten gemacht hat. Ich bin überzeugt davon, dass dieser Abteilungsleiter zum Dank für die unverhoffte, zweite Chance, die er eben bekommen hat, nicht nur dem Unternehmen, sondern auch mir bis in alle Zukunft treulich dienen wird. Fall erledigt!

Merke: Bei Verfehlungen muss man nicht immer gleich strafen. Manchmal bedeutet wahre Stärke, aus allen verfügbaren Optionen gezielt die unerwartete zu wählen – in diesem Fall, Gnade zu zeigen. Eine für einen hochrangigen Konzernmanager untypische Vorgehensweise, das ist mir klar! Andere hätten den Typ wahrscheinlich ohne Umschweife gefeuert. Doch ich bin anders und so ist es besser. Und schon zum zweiten Mal an diesem Morgen bin ich ein wenig stolz auf mich.

9.30 Uhr, Die Einnordung

Die meisten Tage hier oben sind eine willkürliche Aneinanderreihung farbcodierter Termine in den Kalendern der Assistentinnen. Nahtlos schließt ein Meeting ans andere an, ohne Pause zum Atemholen oder Nachdenken fließen die Termine ineinander und jeder Einzelne wirft immer noch ein Thema auf meinen Schreibtisch, um das ich mich sofort, hochkonzentriert und mit uneingeschränkter Hingabe kümmern soll. Die kommenden 30 Minuten gehören Jennifer M., meiner neuesten Führungskraft, deren Arbeitsvertrag wir am Montag unterzeichnet haben. Ich wechsle also gerade innerhalb einer Minute vom (Fast-)Ende der einen Arbeitsbeziehung zum Neubeginn einer anderen. Das ist Führungsetage live!

Und verstehen Sie mich bitte nicht falsch – ich beklage mich nicht. Ich liebe diese rasanten Sprünge, von einer Idee zur nächsten Chance, zur noch größeren Herausforderung und wieder zurück. Das kann ich, das bin ich, das ist mein Job.

Ich bin gut beschäftigt – auch und obwohl ich keine dieser bemitleidenswerten Führungskarikaturen bin, die sich einbilden, ohne sie gehe gar nichts und sie müssten bei jedem Termin dabei sein. Ganz im Gegenteil: 99 Prozent der Termineinladungen, die Tag für Tag in meinen Kalender drängen, überleben Marias rigorose Selektion nicht. Und vom Rest schmeiße ich selber noch mal gut die Hälfte raus. Es dürfte also um einiges einfacher sein, ins Finale einer dieser TV-Casting-Shows zu kommen, als einen Slot bei mir zu erhaschen. Jennifer hat es geschafft und verdient.

> Es gibt Führungskräfte, die wollen bei jedem Meeting dabei sein. Ich sende laufend einfache Mitarbeiter in Meetings, wo sonst nur Führungskräfte sitzen. Diese fühlen sich dann beleidigt, dass da nur »normale Leute« geschickt wurden. Aber auf solche Befindlichkeiten kann ich keine Rücksicht nehmen, dafür habe ich einfach keine Zeit! ‹

(Medien)

Bad Boss, Teil 1

> Angenommen, ein Mitarbeiter entscheidet: »Ich kaufe jetzt diese Schrauben!« Es gibt so Cheffiguren, die gehen dann zum Einkaufsleiter und sagen: »Mein minderwertiger Mitarbeiter hat ohne meinen Auftrag Schrauben gekauft. Das geht nicht, ich suche die jetzt selbst aus!« Die können einfach nichts abgeben. ‹

(Banken & Versicherungen)

Jennifer M.'s große, braune Rehaugen sehen mich erwartungsfroh an. Tolle Augen übrigens! Und auch ihr Lächeln ist toll, erwähnte ich ja bereits. Doch darum geht es jetzt nicht, es geht um ihre »Einnordung«:
Ich habe es mir zur Angewohnheit gemacht, meine Führungskräfte kurz nach deren Start »einzunorden«, sie gleich zu Beginn in die richtige Richtung zu weisen. Man erwartet von mir Führung, Vorbildfunktion und Lenkung und das alles bekommt man auch! Natürlich kann ich das nicht bei allen 400 Mitarbeitern tun, und schon gar nicht persönlich. Doch für meine Führungskräfte nehme ich mir die Zeit gerne!
Ein engagierter Chef zeichnet sich dadurch aus, dass er seine Leute mit starker Hand an der langen Leine führt, die gelegentlich auch mal schnalzen darf. Die richtige Dosierung von Stärke, Länge und Schnalzen gehört zum Allerschwierigsten in meinem Beruf. Nur langjährige Erfahrung und tiefes Einfühlungsvermögen machen da den Manager zum Meister! Miss M. hat Glück, sie wird den Meister nun gleich live erleben dürfen.

Good Boss, Teil 1

› Ein guter Chef kommuniziert offen Stärken und Schwächen und gibt zeitnah Hinweise, wo die Dinge seiner Ansicht nach gut und wo sie schlecht laufen. ‹

(IT-Branche)

› Ich hatte Chefs, die wirklich wussten, wovon sie reden. Sie hatten reichlich Erfahrung, ließen das aber nicht jede Sekunde raushängen. Die waren für einen da, wenn man Fragen hatte, und hielten den Druck von oben ab. Sie gaben mir die Chance, Fehler zu machen, zu lernen und zeigten ein hohes Maß an Vertrauen. ‹

(Medien)

› Mein Chef war super erfahren, dem Tagesgeschäft jedoch bereits eine ganze Weile entrückt. Daher konnte er meine Arbeit oftmals nicht wirklich beurteilen und sagte: »Wenn du zu diesen Ergebnissen kommst, glaube ich sie dir! Sag mir einfach, was ich damit tun soll!« Er vertraute einem voll und hörte auf das, was man ihm empfahl. ‹

(Industrie)

Es heißt, dass niemand den Tag vergisst, an dem er – sorgfältigst gestylt und frisch gekämmt – um exakt 9.00 Uhr zum allerersten Mal am Drehkreuz in der Lobby stolz seinen brandneuen Mitarbeiterausweis auflegt und sich zum Dienst meldet. Wenn die Stunde der Wahrheit endlich schlägt und der Traumjob mit einem Schlag zu realen Kollegen, echten Aufgaben und Herausforderungen wird, rebelliert schon mal der Magen und die Knie zittern. Manche spielen gekonnt Zuversicht vor, während andere erst mal wie verschreckte Kinder lostapsen.

In meinem Bereich steht am Beginn des Konzernlebens besagte »Einnordung«: Gesichert durch meine virtuelle Führungsleine entlasse ich die Neulinge Schritt für Schritt in diese für sie neue, wunderbare, überraschende, verwirrende und auch gefährliche Welt unseres Konzerns. Ohne klare Ansage, was zu tun und was besser zu unterlassen sei, stießen sie ganz schnell sich (oder andere) vor den Kopf und es gäbe nur unnötiges Geschrei. Maria bastelte mir dafür einen kleinen Einführungsvortrag, der, wie ich nach Dutzenden Rezitationen weiß, exakt 23 Minuten lang ist:

1. Wertekatalog beachten (»im höchsten Ausmaße«)
2. Regelrechtes Einbläuen meiner Top-3-Vorlieben (Loyalität, Mitdenken, Pünktlichkeit) sowie Top-3-Hasserreger (Faulheit, Beamtentum, Unpünktlichkeit) samt Beispielen (Dr. W.)
3. Erwartungen und Zielvorstellungen
   Laut Zeitplan hätten wir dann eigentlich noch ein paar Minuten für Fragen, doch die Erfahrung zeigt, dass jeder Anfänger und jede Anfängerin die eigene Überforderung ausnahmslos mit der immergleichen, vermeintlich »originellen« Aussage überspielt: »Natürlich habe ich noch viele Fragen, aber ich sollte wohl erst einmal ankommen, und dann bla bla bla.« Hundertmal gehört, hundertmal gegähnt. Warum fragt nicht endlich einmal jemand, was man tun müsse, um meinen Job zu bekommen? Oder warum es kein Cabrio als Dienstfahrzeug gibt? Oder ob Maria schon vergeben ist? Das denken sie doch alle, nur fragen traut sich keiner.

Der Einstieg

› Am ersten Tag führte mich die Sekretärin zu einem hölzernen Kasten – der Stechuhr! Zu Dienstbeginn musste man da seine Karte reinstecken, worauf die Stechuhr ein dumpfes Geräusch machte: »Bum, Bum, Bum.« Das habe ich bis heute im Kopf! Ich dachte bei mir: »Das ist ja wie 1910!« ‹

(Handel)

› Mein erster Tag war mehr oder weniger: »Hallo, hier ist ihr Schreibtisch, machen Sie ihre Arbeit!« Und ich saß dann dort und dachte mir: »Gerne, aber was genau ist meine Arbeit?« ‹

(Beratungskonzern)

› Der erste Tag: Große Firma, alles neu, du hast dich ewig gefreut! Wie bestellt stehst Du um 9.00 Uhr mit Anzug und Krawatte am Eingang. Da du aber noch keinen Ausweis hast, kommst du nirgendwo hinein und kannst in der Kantine nicht bezahlen, denn auch das Bezahlsystem läuft leider über den Ausweis. Nur wenn die Jungs wirklich gut organisiert sind – und in der Regel sind sie das nicht – hast Du schon einen Schreibtisch und einen Computer. Und selbst wenn man einen Rechner bekommt, hat man noch lange keine Berechtigung, in irgendwelche Datenbanken zu schauen. Zum krönenden Abschluss des denkwürdigen Tages Nummer Eins wirst du der ganzen Abteilung vorgestellt und sollst dir 30 Namen auf einmal merken. ‹

(Automobilbranche)

› Sofort am ersten Tag wurde ich auf ein Projekt geschickt, wo ich irgendwelche Sachen in Excel ausrechnen musste. Das Problem war nur: Bis dahin hatte ich noch nie mit Excel gearbeitet! Also rechnete ich alles schön mit meinem Taschenrechner aus und trug die Ergebnisse dann brav manuell in die Excel-Zellen ein. ‹

(Beratungskonzern)

› Rund eine Woche nach meinem Beginn wurde ich zum Gespräch mit dem obersten Chef geladen. Ich hatte zwar mitbekommen, dass man in der Firma grundsätzlich per Du war, es waren mir aber auch Kollegen begegnet, die mich siezten. Ich war daher unschlüssig, wie ich ihn ansprechen sollte.
Als ich in das Büro trat, setzte mein Gehirn aus. Mit ausgestreckter Hand ging ich auf den Oberboss zu und sagte ohne jede weitere Umschweife: »Wir können uns doch duzen?« Noch heute erinnere ich mich an die Sekunden der Stille, die folgten. Der sah mich an, wie ein Forscher, der ein seltenes Tier betrachtet. Dann nickte er langsam. ‹

(Telekommunikation)

› Es gibt Dinge, die sind ganz, ganz »charmant«: Ich war geholt worden, um eine neu organisierte Abteilung zu leiten. Doch als ich ankam, saß da schon jemand, der ebenfalls meinte, er sei der neue Abteilungsleiter! Er hatte sich den Titel bereits auf seine Visitenkarten drucken lassen. Zudem machten mir »meine« Mitarbeiter unverblümt klar, dass sie der Meinung seien, der andere sei für den Job viel besser geeignet als ich. Das war mein Einstieg! ‹

(IT-Branche)

Als Teil ihrer »Einnordung« wurde Fräulein M. von mir natürlich auch darüber informiert, was der Konzern »zielerreichungsmäßig« von ihr erwartet. Es ist, wie könnte es anders sein, eine Zahl: Miss M. wird daran gemessen werden, ob sie es schafft, den Umsatz ihrer Abteilung in den kommenden sechs Monaten um drei Prozent zu steigern. Drei Prozent klingt nicht sonderlich hoch, ist aber in der Praxis kaum zu erreichen. Daher: Drei Prozent rauf: sehr gut! Weniger als drei Prozent rauf: sehr schlecht! Eine ganz einfache Schwarz-Weiß-Logik, Grau existiert da nicht. Ihre beiden Vorgänger scheiterten an der Drei-Prozent-Vorgabe, die Versager verloren sogar Umsatz (Konzerndeutsch: »Sie generierten negatives Wachstum«), doch das sage ich der M. natürlich noch nicht.

Alleine mit ihrem Team wird sie die Umsatzsteigerung sicher nicht schaffen, das hingegen habe ich ihr klipp und klar gesagt! Wahrhaft außergewöhnliche Leistungen (+3% = außergewöhnlich!) erreicht im Konzern nur der, dem es gelingt, sich auf Dauer mit anderen Abteilungen zu verbünden. Die angewandte Ur-Idee des Konzernwesens: Bündle deine Ressourcen (Ideen, Leute, Rohstoffe und Produktionsmöglichkeiten) in einer Weise, dass diese im täglichen Zusammenspiel Großes hervorbringen! Klingt gut, wird in der Konzernrealität aber in etwa so umgesetzt: Zusammenspielen wäre natürlich toll, geht aber leider nicht, denn zwischen uns steht ... ein Silo! Und daneben noch eines und dann noch eines!

Die kleinen, abgeschotteten Königreiche finden sich immer und überall und sind enorm destruktiv. In einem Silo sitzt wie gesagt Dr. W. mit seiner IT, in einem anderen »die Franzosen« und in einem besonders noblen, elfenbeinverkleideten sitzen die Herren Konzernvorstände auf ihren dicken Hintern. Und alle sind sie von dicken Mauern umgeben, welche die Silageverwalter und ihre Höflinge zuverlässig vor Zumutungen wie Kooperation, Koproduktion und vor allem Kommunikation schützen. Die hilflosen Dickhintern im Elfenbeinturm sehen das natürlich nicht gerne und tun, was sie immer getan haben. Sie geben hohle Parolen aus: »Wir ziehen an einem Strang!«, »No I in Team« oder ähnlich Schwachsinniges aus dem Managerseminar »Führung für Dummies«. Die Silos abbauen? Lieber nicht, denn dann bräuchte es ja automatisch weniger Führungskräfte. Und weniger Bereichsleiter, Vice Presidents sowie Abteilungsfuzzis bedeutet weniger Hofstaat für die Elefantenhintern ganz oben. Und weniger Hofstaat = Schwanzus Kurzus und das will nun wirklich niemand! Dann schon lieber die zehnte, immergleiche Motivationsrede und schnell weiter im betrieblichen Infight.

Auch meine Jennifer M. träumt noch den Traum von der goldenen Brücke, die sie – am besten eigenhändig – errichten wird, um die hässlichen, grauen Silowände zu überwinden. Schließlich adelt sie ihr Lebenslauf doch als »besonders teamfähig« und »sehr erfahren mit multikulturellen Organisationen«, weswegen von ihr auch nur »überdurchschnittliche Ergebnisse« zu erwarten seien. Warten wir's ab, doch ich bezweifle ernsthaft, dass Miss Rehauge auch nur den Funken einer Ahnung hat, auf was sie sich hier eingelassen hat ...

› Anfangs glaubst du noch, hier sind alle deine Freunde. Doch dann merkst Du, es geht nur um Karriere und ums Geschäft. ‹

(Beratungskonzern)

Kooperation? Nein, danke!

› Ich eckte ständig an. Kaum entdeckte ich etwas, riss ich auch schon den Mund auf: »Das könnten wir doch viel besser machen!« Und zu allem Überfluss fing ich dann auch gleich mit der Verbesserei an.
Die Leute verstanden überhaupt nicht, was ich von ihnen wollte. Normalerweise juckt es einen ja null, was die andere Abteilung da drüben tut. Aber jetzt kam ich und mischte mich laufend in Dinge ein, die eindeutig nicht in meinem Verantwortungsbereich lagen! Das war gegen die Kultur! Eine Kollegin schrie mich sogar an: »Steck deine Nase gefälligst in was anderes!«
Ich meinte es zwar gut, war aber für alle nur nervig, weil ich nicht begriff, dass solch ein Verhalten keine Bonuspunkte bringt. Und so machte ich weiter und weiter … ‹

(Banken & Versicherungen)

› Ich kenne das so: Um ein möglichst optimales Ergebnis zu erzielen, diskutiert man verschiedene Vorschläge, durchaus auch kontrovers, hinterfragt auch mal die eigenen Ansätze und einigt sich schließlich auf den Vorschlag, der aus Sicht der Gruppe am besten passt.
Umso mehr wunderte ich mich, dass bei Diskussionen in meiner neuen Firma eigentlich nie groß Widerspruch kam. Es dauerte nicht allzu lange, bis ich herausfand, woran das lag: Man ließ mich zwar reden, empfand meine Vorschläge in Wirklichkeit aber als »ungebührliche Einmischung in fremde Themen« und ließ mich deswegen komplett und permanent ins Nichts laufen. ‹

(Medien)

› Die von der Entwicklung und die von der Produktion haben sich schon immer eher schlecht verstanden. Damit sollte nun ein für alle Mal Schluss sein. Der Plan: Ein abteilungsübergreifender Workshop, der die Hitzköpfe zusammenschweißt. Zweieinhalb Tage, irgendwo auf einer abgelegenen Almhütte, alle Hierarchieebenen und ausnahmslos Doppelzimmer, die sich jeweils ein Entwickler und einer von der Produktion teilen.
Mein Zimmerpartner war ein älterer Herr, mit dem ich nun sogar ein Bett teilen musste, da es in den Zimmern ausschließlich Doppelbetten gab. Die Begrüßung verlief noch nach Plan: »Wenn wir jetzt schon gemeinsam in einem Bett schlafen, sind wir auch per Du, o. k.?" Das Zusammenschweißen dann allerdings weniger: Aus dem gemeinsamen Bier wurde nichts, denn der saß zwar ewig lange in der Hüttenbar, aber nur mit Typen aus seinem Bereich. Klar, der hatte genauso wenig Lust wie ich, in unser gemeinsames Bettchen zu steigen. Na ja, zumindest sind wir jetzt per Du. ‹

(Automobilbranche)

Frisch eingenordet und mit diesem Zauberlächeln auf den Lippen verlässt das Fräulein M. nach exakt 25 Minuten beschwingt mein Büro. Die beiden Vorstandsmitglieder, die sie im Vorbeigehen so freundlich grüßt, ignorieren die Neue. Vertieft in ihr enorm wichtiges Vorstandsgespräch, nehmen sie »Ms. Ich-schaff-das-mit-einem-Lächeln« schlicht nicht wahr.

Freundlichkeit und ein einnehmendes Wesen reichen nämlich bei weitem nicht aus, um sich im Konzern durchzusetzen. Es braucht Erfahrung, viel taktisches Geschick, Verbündete, genau dosierte Härte und ab und an sogar ein klein wenig Brutalität. Bei der man dann ja lächeln kann. So lebe ich das meinen Leuten auch jeden Tag aufs Neue vor. Wenn ich mir jedoch vorstelle, wie das Rehlein M. jemanden böse anknurren will, dann muss sogar ich – zum ersten Mal heute – ein wenig lächeln. Zauberhaft!

Konflikte? Ja, bitte!

› Ich habe einen relativ stabilen Holzkopf. Viele Leute haben Angst, ihre Meinung zu sagen. Ich nicht. Ich bin konfliktfreudig – ich gehe in jeden Infight, der nötig ist. Wenn mir etwas merkwürdig erscheint, dann sage ich das auch. Ich weiß nicht, ob das eine Stärke oder Schwäche ist. ‹

(Medien)

› In Gesprächen mit Vorgesetzten bin ich nicht schüchtern, ich halte mich da nicht zurück. Wenn ich wollte, könnte ich morgen woanders anfangen, ich bin auf diesen Job nicht angewiesen! ‹

(Medien)

› Zu Beginn meiner Karriere gab mir ein Vorgesetzter einen »guten Rat«: »Sie müssen wissen, diese oberen Führungskräfte, die sind sehr, sehr schlau! Die merken den kleinsten argumentativen Fehler sofort! Reden sie daher nicht mit denen! Vermeiden sie das, wo immer es nur geht!« ‹

(Automobilbranche)

› Ein Kollege hielt sich aus allen Konflikten heraus. Er verhielt sich zumeist still, wurde nicht als Problemmacher gesehen und kam rasch weiter. Ich dagegen ließ mir immer schön die Nase blutig schlagen und das kam nie gut an. ‹

(Internetbranche)

10.00 Uhr, Die Frau des Chefs leert meinen Champagner

Alle, alle wollen sie innovativ sein: Die Mischkonzerne (Werbeslogan: »Innovation«), der Kaffeemaschinenhersteller (»Living Innovation«), Rüstungskonzerne (»Innovating for a Safer World«), das High-Tech-Unternehmen (»Empowered by Innovation«) und sogar der Freistaat Bayern (»Bayern innovativ«). Glaubt man dem ganzen Marketinggetrommel, dann geht es im modernen Konzern nur noch um das Eine: Das große »I«.

Doch eine gewisse Skepsis gegenüber schönen Marketingbotschaften hat noch nie geschadet, glauben Sie mir! In den 80er Jahren sah man beispielsweise überall diese tollen, schwarz-weißen Anzeigen für einen Whiskey: »Wir nehmen uns alle Zeit der Welt, um unseren Whiskey reifen zu lassen«, hieß es da. Daneben das Foto eines freundlich zerknautschten älteren Herrn, der scheinbar nichts anderes zu tun hatte, als friedlich dösend neben einem Fässchen Alkohol zu wachen. Vor Kurzem besuchte ich zufällig jene Destillerie: Opas und Fässer sah ich keine, dafür jede Menge industrieller Edelstahltanks, Abfüllanlagen und die gleiche Hektik wie in jeder anderen Firma auch. Das Marketingbild und die Wirklichkeit hatten nichts miteinander zu tun.

Ähnlich verhält es sich mit dem Mythos »Innovation«: Es mag ja tatsächlich eine Zeit gegeben haben, als ein paar pickelige Kids in vorstädtischen Garagen faszinierende Dinge zusammenlöteten und daraus in kürzester Zeit Weltkonzerne bauten. Doch ich verspreche Ihnen: Spätestens mit der Anstellung des hundertsten Mitarbeiters hielt das Beamtentum auch in jenen Garagen Einzug und machte sich umgehend daran, das wunderbare Innovationspotenzial aus den Gründungstagen ein für allemal auszurotten. Besorgt um unternehmerische Effizienz und Kostenersparnis arbeiteten sicher schon nach kürzester Zeit Scharen verbissener Erbsenzähler und Prozess-Gendarmen daran, jede störende Neuerung mit Hilfe von »Produktentwicklungsrichtlinien« im Keim zu ersticken. Die einzig wahre Innovationsformel lautet folgerichtig: Je größer, umso weniger Innovation!

Das mag für Konzernlaien überraschend sein, bildet die interne Konzernlogik jedoch trefflich ab: Innovationen entstehen immer und ausnahmslos als Folge von revolutionär-kreativen – eben innovativen – Prozessen. Genau dieses »kreative Chaos« jedoch, das einmal am Anfang jedes erfolgreichen Unternehmens stand, bringt im »erwachsenen« Großkonzern die mühsam und teuer eingeführten Organisations- und Steuerungssysteme durcheinander. Und das darf nicht passieren, da sei Klaus-Günther vor! Ab einem gewissen Zeitpunkt im Lebenszyklus mächtiger Unternehmen gibt es keine Ausnahmen zu den allgegenwärtigen Regeln mehr. Man hat einfach vergessen, wie wertvoll das Fehlen jeglicher Struktur und Effizienz einmal war. Die Zielvorgabe »Na, dann seien Sie mal schön chaotisch!« werden Sie im Großkonzern daher nur selten zu hören bekommen …

› Diese ganze Abstimmerei ist bei uns zum Alptraum geworden! Zuerst macht jeder sein Ding und findet sich ganz toll. Doch irgendwann merkt man: Oh, das passt ja alles gar nicht zusammen! Dann wird auf Teufel komm raus »kollaboriert«! Bei jeder noch so kleinen Sache sitzen nun mindestens zehn Leute am Tisch: Ein Techniker, einer für die Umsetzung, einer für den Service, ein Arbeitsrechtler und jede Menge »Spezialisten«. Am Schluss bleibt immer nur der kleinste gemeinsame Nenner übrig. So kann man keine aggressiven Ideen umsetzen! ‹

(Tourismus)

Innovativ

› Vor Kurzem flog einer meiner Mitarbeiter zur riesigen »Innovationsabteilung« in unserer Konzernzentrale. Angeblich arbeiten dort mehrere Tausend Leute tagein und tagaus an den tollsten Ideen. Der Auftrag an den Kollegen: Bring uns von den Innovationsexperten spannende Anregungen für unseren Heimatmarkt mit!
Nach seiner Rückkehr erstattete er Bericht: »Vor mir tut sich ein Gang auf, wie in einer alten kommunistischen Parteizentrale. Hunderte Meter, eine Vollholztür neben der anderen. Alle sind geschlossen! Da sitzen die den ganzen Tag in ihren kleinen Kämmerlein und starren auf ihre Bildschirme. Keiner redet mit dem anderen. Die schicken sich lieber irgendwelche E-Mails mit riesigen Powerpoint-Präsentationen.«
Da war klar: Wenn wir innovativ sein wollen, dann müssen wir das alleine schaffen. ‹

(Telekommunikation)

Um unsere »Innovationspipeline« (definiert in »Richtlinie zur Innovationserzeugung«, Abschnitt 1) endlich wieder mit »goldenen Nuggets« (Abschnitt 2) füllen zu können, die wir dann »möglichst breit im Markt verankern« (Abschnitt 2, zweiter Teil, Absichten und Ziele), wurde bei einer der letzten Führungsklausuren folgende, nicht ganz unwesentliche Frage diskutiert: Welche »Nuggets« will »der Markt« denn überhaupt von uns? Die Frage kam so unerwartet, dass keiner der mit-meetenden Topmanager sie spontan beantworten konnte. Besser, und da war man sich einig, sollten da jene Auskunft geben, welche die Nuggets am Ende des Tages kaufen sollen: Unsere hochgeschätzten Kunden! So weit, so richtig, so banal.
Da wir diesmal einen möglichst innovativen, »out-of-the-box«-Zugang »fahren« wollten (Abschnitt 4: »Schlachtung heiliger Kühe«), wurde ein »revolutionärer Zielprozess« (ebendort) gewählt: KFP - Die KundenFokussierte Produktentwicklung! Dazu würden echte Kunden aus Fleisch und Blut eingeladen, gemeinsam mit

unseren allerbesten Leuten, in unseren modernsten Labors und Produktionsstätten, ohne budgetäre Einschränkung, also koste es was es wolle, jene traumhaften Produkte zu entwickeln, von denen diese Kunden noch nicht einmal zu träumen gewagt hatten! Soweit der umjubelte Plan, für den sich unser Landeschef minutenlang beklatschen ließ. Schließlich waren wir dabei, unser Unternehmen – ach was – die gesamte Branche gehörig aufzumischen! KFP forever!

In den 12 Monaten seit dieser legendären Veranstaltung passierte Folgendes: Die Begeisterung unserer Kunden, monatelang und unentgeltlich für uns den Produktentwickler zu spielen, hielt sich in Grenzen. Zudem waren unsere »allerbesten Leute« bereits mit anderen Projekten ausgelastet und nicht verfügbar. Da war es dann schon egal, dass der Laborchef den Zugang externer Laien in seine geheiligten Hallen mit einem gebrüllten »Nur über meine Leiche!« kommentierte, das klar und deutlich bis in die oberste Etage zu hören war. Der gefeierte Plan, »kundenfokussiert produktzuentwickeln« und darob nicht nur unsere Branche revolutionär neuzugestalten, sondern auch noch gleich die Weltherrschaft anzutreten, musste adaptiert werden und zwar schnell. Also versprach der hohe Meister, unser Herr Landes-CEO, er persönlich werde für Abhilfe sorgen ...

Die Abhilfe betritt in genau diesem Moment mein Büro: Es ist seine Ehefrau! Die »geniale« Überlegung des Obersten in Kurzform: Meine Frau nutzt unsere Produkte. Ergo ist sie Kundin. Ergo fragen wir einfach sie, was sie denn gerne hätte und Paul fängt mit den Fragen an! So macht man Innovation à la Konzern!

› Je höher einer in der Hierarchie des Unternehmens steht, umso weniger wahrscheinlich, dass er noch eine Ahnung davon hat, was der Kunde eigentlich will. ‹ (Medien)

Kundennähe

› Ein Unternehmen kann meinetwegen so viele Hierarchiestufen haben, wie es will – solange man sicherstellt, dass 80 Prozent der Entscheidungen unten bei denen fallen, die den Kunden am nächsten sind. ‹

(Tourismus)

› Einer unserer Werte war »Nähe zum Kunden«. Das verstand ein Junior-Berater wohl etwas zu wörtlich: Eines Tages kam er zur internen Teambesprechung Arm in Arm und frisch verliebt mit einer leitenden Mitarbeiterin unseres Kunden. Auf Nachfrage meinte er verblüfft: »Wo ist das Problem? Das ist doch der perfekte Zugang zum Kunden!« ‹

(Beratungskonzern)

› Irgendwann sagte man: »Führungskräfte müssen ihr Ohr näher am Kunden haben!« Jeder bekam zehn »Vertrauenskunden« und musste die anrufen: »Hallo! Wie geht es Ihnen? Bla bla bla.« Insgesamt ging es da um 150 Kunden, ein verschwindend kleiner Teil unserer Gesamtkundenanzahl.
Diese Vertrauenskunden fanden das gut, doch die meisten Direktoren waren schnell genervt. Denn dummerweise nahmen die Kunden das Ganze ernst und riefen tatsächlich die Führungskräfte an, wenn sie ein Problem hatten. Die Direktoren hatten darauf zwar keinen Bock, doch sie hatten sich ja verpflichtet, die Anfragen »ihrer« Kunden abzuhaken. Also setzten sie für jedes noch so kleine Problemchen massive Teams in Bewegung, damit diese sich darum kümmerten. Fazit: Mit enormem Aufwand wurde 150 Kunden geholfen. Aber echte Kundenorientierung, aus dem Herzen heraus, war das nicht! ‹

(Handel)

› Erst wenn die Frau vom Vorstand persönlich ein negatives Erlebnis mit einem unserer Produkte hat, ergibt sich die Chance, etwas zu verbessern. Dann wird das eventuell in die Agenda der Geschäftsführungssitzung aufgenommen. ‹

(Handel)

› Unsere Geschäftsführung beschloss, dass wir kundenfokussierter werden müssten. Als »Out-of-the-Box«-Idee wurde vereinbart, dass zukünftig ausgewählte Kunden »live« an Geschäftsführungssitzungen teilnehmen sollten. Das sollte gewährleisten, dass bei jeder Entscheidung die Interessen der Kunden im Mittelpunkt stünden. Klasse!
Als ich ein paar Wochen später in den Geschäftsführungsraum kam, stand dort einer unserer lebensgroßen Pappaufsteller aus den Shops, um den Hals ein Schild: »Kunde«. ‹

(Telekommunikation)

Ich muss zugeben: Die Frau des Chefs ist eigentlich ganz nett. Warum ein CEO sich keine Jüngere genommen hat, weiß ich zwar nicht, aber sie ist freundlich, apart, keine Spur arrogant und hört mir aufmerksam zu. Ich weiß, dass es eigentlich umgekehrt gedacht war – ich sollte ihr zuhören (KFP-Regel) – aber ich kann mir beim besten Willen nicht vorstellen, was diese mittelalterliche Frau an Innovativem beizusteuern hätte. Anstatt pseudomäßig auf »kundenfokussierte Produktentwicklung« zu machen, lasse ich sie daher lieber Premiumchampagner nippen (von dem ich für solche Fälle stets ein paar Flaschen in meinem Weinklimaschrank habe) und führe sie in meine Zukunftspläne für den Konzern ein. Keine Ahnung, ob Mrs. CEO überhaupt versteht, was ich ihr da anvertraue – Hauptsache, sie berichtet danach ihrem Mann, unserem Boss, was für ein kluger Kopf ich sei. »Operation Kronprinz« macht eben nie Pause!
In den letzten zwei Jahrzehnten habe ich Stufe um Stufe der dornenreichen Karriereleiter erklommen. Endlich im obersten Stockwerk dieser Landesgesellschaft angekommen, fehlt eigentlich nur noch der Umzug in eines der Vorstandsbüros. Wie ich so weit kam? Ich zeigte bei den richtigen Leuten Leistung und scheute

mich nicht – wie auch jetzt gerade – die Drecksarbeit zu machen. Omas Weisheiten haben auch im modernen Konzernwesen Bestand: »Immer schön dahin gehen, wo es weh tut!«

Denn nur gute Arbeit zu leisten reicht heutzutage nicht mehr. Wer ganz oben mitspielen will, muss sich auch konzernpolitisch betätigen. Das ist leider so, selbst wenn man genau weiß, dass das für jede Firma eigentlich Gift ist. Ich schätze, dass ich in den letzten Jahren mindestens 40 bis 50 Prozent meiner Zeit mit »Innenpolitik« verbracht habe. Wie alle auf meiner Ebene. Und auch zwei, drei, vier Ebenen darunter. In den Landesgesellschaften und in der Zentrale. Immer schön taktieren, wann man mit wem worüber spricht. Oder nicht spricht. Hatte ich schon erwähnt, dass da etwas faul ist im Staate Konzernien? Man will gar nicht anfangen sich vorzustellen, was man mit so viel Zeit anderweitig schaffen könnte ...

Wie jeder Konzernpolitiker habe natürlich auch ich ein feingesponnenes Netzwerk aus vielschichtigen Kontakten in alle Bereiche des Unternehmens, gratuliere selbst unfähigsten Kollegen pünktlich zum Geburtstag und halte mir alle warm, die es einmal zu etwas bringen könnten. Öfter als es mir lieb ist, nicke ich bei Diskussionen nur still und brav, selbst bei der unerträglichen Schwachsinns-Diarrhö oberwichtiger Zentralisten. Ich trage das Personalabbauprogramm »Raue See« mit. Ich fordere und fördere meine Leute. Und wenn es sein müsste, stünde ich sogar Leuten wie IT-Siloist Dr. W. bei, obwohl es dieser Autist nun wirklich nicht verdient hat.

Mancher Kollege lässt sich auch einfach treiben und einige haben mit dieser »Karrierestrategie« sogar Erfolg. Andere, ich nenne sie »Träumer«, versuchen »Vernunft« zum Maßstab ihres Handelns zu machen. »Kronprinz Paul« ist das alles zu unsicher. Machtverhältnisse und Prioritäten ändern sich zu abrupt; selten steigen die fachlich Versiertesten auf. In der verschachtelten Organisation eines Großkonzerns darf man nicht riskieren, dass eines Tages unvermittelt Leute über deine Beförderung entscheiden, die dich gar nicht kennen. Ein Tick Wohlfühlvorsprung, weil man den Entscheider beispielsweise öfters zum inhaltslosen Smalltalk traf, ist beim allgegenwärtigen Wettbewerb mit den »Mitbewerbern aus den eigenen Reihen« bestinvestierte Zeit!

Hohe Politik

› Politisch wird es, wenn jemand eher durch persönliche Beziehungen als durch wirkliche Sachargumentation vorankommt. Wenn Leute mehr auf dem Gang als im Meeting reden und »netzwerken« wesentlich wichtiger wird, als die Themen, an denen sie arbeiten. ‹

(Beratungskonzern)

› Die Informationen, die man für den Job wirklich braucht, muss man sich auf inoffiziellen Wegen suchen. Die bekommt man nur, wenn man zur richtigen Zeit mit den richtigen Leuten spricht. ‹

(IT-Branche)

› So mancher ist unglaublich geschickt darin, »Leuchttürme« zu errichten – das sind diese Projekte, die zwar keinerlei wirtschaftlichen Erfolg haben, aber von Weitem total gut aussehen. ‹

(Medien)

› Im Konzern wird man eher etwas, wenn man eine positive Stimmung verbreitet und die auch nach oben trägt. Die Vorderen müssen dich als jemanden wahrnehmen, der »es schafft« und der »keine Probleme« macht. Es gehört natürlich ein gewisses Geschick dazu, nur solche Aufgaben zu übernehmen, die sich auch erfolgreich lösen lassen. Und dann muss man entsprechend kommunizieren, wie gut man das erledigt hat. Und vielleicht noch irgendwie ein bisschen Lob von anderen abziehen … ‹

(Banken & Versicherungen)

› Die wichtigste Regel überhaupt: Du musst deinem Chef nützen! Zuerst überlegst du dir, welche Vorgehensweise für das Unternehmen die beste wäre. Dann überlegst du dir, welche Vorgehensweise dein Chef für die beste hält. Und im Zweifelsfalle tust du immer das, was dein Chef will! ‹

(Banken & Versicherungen)

Mrs. CEO und ich sind inzwischen beim dritten Glas Champagner angekommen. Willkommen beim professionellen Netzwerken, willkommen in meiner innenpolitischen Welt! Keine Einnordung meiner Jungspunde ohne die klare Ansage, dass Netzwerken rein gar nichts mit Arschkriecherei zu tun hat. Nein, ich trinke mit dieser Frau aus einem einzigen Grund mitten am Vormittag teuren Alkohol: Ich will der Firma helfen, indem ich meine Bande zu unserem CEO stärke. Wenn der hört, wie gut ich mich um seine Frau gekümmert habe, wird er mich noch mehr schätzen. Und je mehr er mich schätzt, umso eher wird er das nächste Mal auf mich hören, wenn ich ihm beispielsweise erkläre, dass dieses »Product Development by Wife« unternehmerischer Wahnsinn ist. Und wenn ich erst mal in der Position bin, die Linie unserer Landesgesellschaft vorzugeben, dann hat dieses Unternehmen wieder eine echte Chance!

Das Netzwerk

› In meiner Position arbeite ich eng mit mehreren Vorständen zusammen. Um in solch einem politischen Spannungsfeld Fettnäpfchen zu vermeiden, muss ich deren Agenda perfekt verstehen: Was will der eine? Was der andere? Wer bekommt im Kompetenzgerangel welche Mittel und wer hat welche Befugnisse? Ich glaube, dass mein politisches Geschick mein größter Erfolgsfaktor ist. ‹

(Handel)

› Das Netzwerk ist extrem wichtig! Gleich von Anfang an wirst du indoktriniert: Du brauchst ein Netzwerk, bau dir ein Netzwerk! Kein Wunder, dass es manche übertreiben ...
Einer der Mitarbeiter meinte, er müsse sein Netzwerk auf Teufel komm raus erweitern. Der Typ ging zu seinem Chef, der mit den anderen im Großraumbüro saß, und verkündete lauthals: »Du Chef, ich kenn' den Richard nicht! Ich kenn' den nicht und brauch' einen Mittagessenstermin mit dem!«
»Der Richard« war damals der oberste Bereichschef. Dieser Typ hatte es sich in den Kopf gesetzt, er müsse Richard jetzt sofort kennenlernen. Und er wusste auch schon wie: »Du vereinbarst ein Mittagessen mit dem Richard. Und dann komme ich wie zufällig vorbei und du sagst zu mir: ›Super, dass du da bist! Möchtest du nicht mit uns gemeinsam essen?‹«
Kaum war der Typ wieder draußen, ging es los! Von allen Seiten riefen sie grinsend: »Du, mich kennt der Richard auch nicht!« »Mich auch nicht!« »Ich brauch' auch ein Mittagessen mit dem!« Das war vielleicht ein Theater ... ‹

(Automobilbranche)

Inzwischen sind fast zwei Stunden vergangen und wir sind bei der zweiten Flasche Vintage Brut angekommen. Eva (seit dieser Flasche sind wir auch auf Vornamensbasis) und ich verstehen uns prächtig. Sie schimpft auf ihren Mann und ich bin so höflich, nicht zu widersprechen. Ich erzähle, dass ich zwei Jahre in Wien verbringen musste und demonstriere – in perfekter österreichischer Hofratsart – den original Ösi-Handkuss: Die Lippen dürfen dabei die Hand nicht berühren! Eva liebt es, Walzer zu tanzen, und mag Heinz Rühmann. Ich mag Angelina Jolie. Ich lege dar, warum manche Menschen von Natur aus Führungspersönlichkeiten sind, und sie stimmt mir zu. Die Stimmung ist bestens!
Ich nutze die Gelegenheit und teste vorsichtig die Lage: Es wäre nur allzu verständlich, wenn ihr Mann nach all den Jahren ein wenig amtsmüde wäre. Wie lange will er sich das hier denn noch

antun? Hat er vielleicht mal Nachfolgekandidaten erwähnt? Unvermittelt sieht mich Frau CEO ganz merkwürdig an und erhebt sich dann schnell: »Ich bin schon viel länger geblieben als geplant und muss jetzt leider gehen! Vielen Dank, auf Wiedersehen!« Und weg ist sie.

Was war das denn jetzt? Habe ich da etwa eine wunde Stelle getroffen? Löst die Vorstellung, dass Pappa schon bald ante portas stehen könnte, bei ihr solches Unbehagen aus? Oder schreckt sie der soziale Bedeutungsverlust als Ex-Chef-Gattin? Frauen! Wie auch immer, ich habe keine Zeit, mir Gedanken über die Befindlichkeiten dieser Dame zu machen. Der Mohr hat wahrlich seine Schuldigkeit getan, das Netz ist geknüpft, der KFP-Auftrag pro forma erledigt und nach zwei Stunden geheucheltem Interesse an ihrem Geschwätz muss ich nun zum Mittagessen!

12.00 Uhr, Und zum Nachtisch: Kündigung

»Die Kündigung ist der offizielle Akt zum Beziehungsende zwischen Mitarbeiter und Unternehmen. Eine Kündigung muss kein negatives Erlebnis sein, im Gegenteil: Unsere professionellen und standardisierten Prozesse zur begleiteten externen Weiterentwicklung unserer Mitarbeiter stellen sicher, dass wir verständnisvoll auseinandergehen und alle Beteiligten danach höchst motiviert weitermachen können.« Wie alle Bereichsleiter habe ich drei Trainingsmodule »KMEFF – Kündigen modern und effizient« hinter mir. Der Kurs, den sich die Genies in unserer Personalabteilung ausgedacht haben, soll mir und meinen Kollegen auf rund 180 Powerpoint-Folien in einem »interaktiven Rollenspiel mit Realitätscharakter« sowie mittels »abwechslungsreicher Internet-Tests« vermitteln:

1. »Warum der gemeinsame Weg hier endet«,
2. »Welche Möglichkeiten für ›das Danach‹ bestehen« und
3. »Wie uns Emotionen in herausfordernden Situationen hilfreich zur Seite stehen«.

Ich dachte ja immer, dass einen gekündigten Mitarbeiter neben der schlichten Angst um Geld und Existenz vor allem sein verletztes Selbstbewusstsein emotional beschäftigt. Aber da habe ich mich wohl getäuscht! Als »KMEFF-zertifizierte Führungskraft« weiß ich jetzt: »Wo ein Ende – da ein Anfang! Das Ziel muss lauten: Emotionale Aufbruchstimmung!« Typischer Personalabteilungs-Bullshit in Reinkultur halt und, wenn überhaupt, allenfalls zu meiner kurzzeitigen Aufheiterung bei der sonst ja eher unlustigen »begleitenden externen Weiterentwicklung« zu gebrauchen.

Ich spiele dieses Konzernspiel aus einem einzigen Grund: Um zu gewinnen! Ich hasse es, zu verlieren; verlieren ist ein ganz mieses Gefühl, das keinen Platz in meinem Leben hat. So bin ich gebaut. Ein üppiges Managergehalt, eine attraktive PA, ein großes Team – das ist alles nett, keine Frage. Doch was mich wirklich motiviert, jeden Morgen hierherzukommen, diesen ganzen Scheiß hier zu ertragen und immer und immer wieder 150 Prozent zu geben, ist einzig und allein: Ich will gewinnen! Ich gewinne, wenn mein Bereich tolle Zahlen abliefert und erfolgreicher ist als andere. Ich gewinne, wenn wir die Mitbewerber abhängen und unseren Markt dominieren. Und der ultimative Sieg wird mein Aufstieg vom Kronprinzen zum König sein. Als CEO unserer Landesgesellschaft habe ich endgültig gewonnen und alle anderen hier haben verloren. Schwanzus Longus Maximus!

Ich hatte noch mit jedem meiner Teams den unerschütterlichen Anspruch zu gewinnen. Wenn man vorgegebene Ziele (wie plus drei Prozent) nicht nur erreichen, sondern übertreffen will, dann gibt es keinen Platz für Weicheier und Warmduscher, die gefürchteten »Low Performer«. Um zu gewinnen, muss der Anführer permanent sicherstellen, dass sich in seinem Gefolge ausschließlich die besten verfügbaren Leute befinden. Für alle anderen gilt es möglichst rasch den »offiziellen Akt des Beziehungsendes« einzuläuten. Jedes Team, egal ob im Sport oder im Konzern, ist eben nur so stark wie sein schwächstes Glied, das man deshalb am besten ganz schnell abtrennt. Wie der Typ in dem Hollywoodfilm, der in eine Felsspalte gefallen war und unentrinnbar mit dem Arm feststeckte. Um zu überleben, säbelte der sich kurzerhand mit einem stumpfen Taschenmesser den eigenen Arm ab! Ein wahres Vorbild! Den Film sollten sie bei der KMEFF-Schulung zeigen. Als erfolgreicher Manager muss man mit vergleichbarer Härte gegen sich und andere vorgehen. Das ist einfach so, auch wenn esoterische Verliererfiguren dabei in hilflose Gefühlsduselei ausbrechen mögen. Nur diejenigen, die das verstanden haben, werden in »The Wonderful World of Capitalism« auf Dauer erfolgreich sein!

› In jedem Unternehmen gibt es »Low Performer«. Wenn du von denen etwas brauchst oder gar auf sie angewiesen bist – das ist jedes Mal ein Horror. Besser, man trennt sich von denen! ‹

(Automobilbranche)

Low Performer

› Es gibt immer diejenigen, die ihr Leben nicht auf die Firma, sondern auf ihre Freizeit ausrichten. Im Büro sind das völlige Schläfer, die nichts weiter bringen. Privat sind sie oft hoch motivierte Köche, Sportler oder sonst etwas. Verhielten die sich in der Arbeit genau so wie in ihrer Freizeit, dann wären das die perfekten Mitarbeiter! ‹

(Automobilbranche)

› Es gibt Leute, die gehören zu den Schwächeren und werden permanent gedemütigt. Doch die haben Sitzfleisch und sind damit zufrieden, wenn sie am Ende des Monats ihr Gehalt bekommen. Die wollen nicht mehr. Das ist eine Mentalitätsgeschichte, die ich nie verstanden habe! ‹

(Banken & Versicherungen)

› Mit Mitte 40 hatte ich Mitarbeiter, die waren zehn Jahre jünger als ich. Die redeten bereits, als wären sie schon kurz vor der Pensionierung: Permanent wurde darüber diskutiert, wer denn wann in Altersteilzeit gehen werde. ‹

(Handel)

› Ein gewisser dienstlicher Eifer war da, aber zu Tode arbeitete sich keiner. Man musste aufpassen, dass man die Leute nicht »überstrapazierte«, sonst machten die nämlich einfach Dienst nach Vorschrift. Dann kamen die um 9.00 Uhr, taten den ganzen Tag so, als ob sie sehr beschäftigt wären, und gingen Punkt 18.00 Uhr wieder. Selbst wenn sie nichts zu tun hatten, vermieden sie so, dass man ihnen Arbeit zuteilte. Oder sie nutzten die Möglichkeit, krankheitshalber lange abwesend zu sein. Mit Krankheiten, die – so sage ich mal – nicht gerade lebensbedrohlich waren. ‹

(IT-Branche)

› Es muss ja nicht gleich die Kündigung sein. Aber wenn jemand ein Jahr lang nichts leistet, könnte man doch sagen: »Wir reduzieren jetzt mal dein Gehalt!« Theoretisch ginge das sogar, praktisch ist es nicht umsetzbar. Denn dazu müsste man mindestens sechs Monate lang penibel mitdokumentieren, welche seiner Aufträge er nicht ausführt. Welche Gründe er dafür angibt. Der Betriebsrat müsste eingeschaltet werden, um zu klären, ob der sonst noch Fehler gemacht hat. Und so weiter und so fort. Wegen einer bloßen Gehaltsreduktion tue ich mir das nicht an! ‹

(Automobilbranche)

In jeder großen Firma, egal welche Branche und welches Land, sind fünf Prozent der Belegschaft echte »Stützen« des Unternehmens. Das sind diejenigen, die mitdenken, die sich einsetzen und die jene berühmte »Extra-Meile« gehen, auf der sie mehr geben und mehr erreichen, als man je von ihnen verlangt hätte. Solche Mitarbeiter sind rar und wollen sorgfältigst umhegt werden, denn ohne sie ginge der Laden ganz schnell vor die Hunde. Meine neue Freundin Eva wollte ja nichts rauslassen, aber ich weiß auch so, dass mich unser CEO an der Spitze dieser Gruppe sieht.

Die nächsten 20 Prozent der Mannschaft sind fleißige Arbeitsbienchen: Zuverlässig und ohne größeres Murren erledigen sie die ihnen zugeteilten Aufgaben. Auch durchaus komplexe und schwierige Dinge! Prozess-Klaus-Günther ist der Prototyp dieser Spezies. Diese emsig herumsummenden Helferlein fallen im Konzernalltag nicht besonders auf, doch sie sind es, die das Unternehmen verlässlich am Laufen halten.

Und die restlichen 75 Prozent? Ein großer Haufen von »Konzernbeamten«: Gemächliche, unflexible Müßiggänger, die – ungeachtet ihrer Rolle und Position – keinerlei Ambitionen entwickeln, in ihrem Job irgendetwas Außergewöhnliches zu erreichen. Die ihre Aufgabe in erster Linie darin missverstehen, den anderen 25 Prozent das Leben zu erschweren. Manfred aus dem Kreml, Dr. W. aus der IT, die oberwichtigen Zentralisten, ... sie alle schmarotzen auf unsere Kosten dahin, als ob es kein Morgen gäbe. Sie reden wichtig und leisten nichts! Sie bremsen statt zu beschleunigen, sie zementieren sich und alles um sie herum ein und gehen lieber drei Schritte zurück, als auch nur einen halben nach vorne. Und so oft wir auch davon träumen mögen – es ist traurige, unabänderliche Konzernrealität, dass man diese Verhinderer und Bedenkenträger nicht auf einen Schlag hinausschmeißen kann. Würde man sie alle zusammen feuern, wie es der Zukunft des Unternehmens geschuldet wäre, die Hallen und Flure des Konzerns wären mit einem mal wie leergefegt. Allein ihre Masse ist ihr wirksamster Kündigungsschutz. Und glauben Sie mir, auch wenn »Konzernbeamte« sonst niemals etwas peilen, dieses Faktum verstehen sie bestens!

› Verglichen mit dem Alltag im Konzern ist das Leben in kleinen Unternehmen das reinste Paradies: Alles ist viel einfacher, man kann viel mehr erreichen! An manchen Abenden denke ich mir: »Wow, für all das, was ich heute erledigt habe, da brauchen sie im Konzern Monate!"‹ (Handel)

Beamtet

› In unserer offiziellen Kulturpyramide werden nach wie vor unser toller Gründergeist, unser Unternehmertum und die »Extra-Meile« beschworen. Da hat sich wohl noch nicht herumgesprochen, dass wir mittlerweile zum Koloss geworden sind. ‹

(IT-Branche)

› Je länger man dabei ist und je besser man den Betrieb kennt, umso mehr wundert man sich, dass bei uns überhaupt jemals ein Auto vom Band läuft! ‹

(Automobilbranche)

Personalkosten sind der – mit Abstand – größte Kostenblock in meinem Bereich. Die Aufforderung, doch bitte meinen Beitrag zur Kostenreduzierung im Rahmen von »Raue See« durch »Mitarbeiterabbau« zu leisten, kam daher nicht sonderlich überraschend. Meine Erfahrung sagt mir, dass dem Konzern wesentlich besser gedient wäre, würde mein Bereich nicht ab- sondern sogar ausgebaut werden. Wir sind die Guten! Dennoch versprach ich sofort, als überaus großzügigen Beitrag insgesamt zwölf Leute loszuwerden, was immerhin drei Prozent meiner Belegschaft entspricht! Mein Opfer wäre natürlich größer gewesen, hätte ich nicht – wie schon erwähnt – am selben Tag, als ich von »Raue See« erfuhr, mein Team vorsorglich um exakt diese zwölf Mann aufgestockt. Die setze ich nun peu à peu wieder frei und erfülle so brav mein Plansoll. Die armen Teufel waren natürlich komplett ahnungslos, dass sie als Kanonenfutter für die »Raue See« von Anfang an keine Chance hatten. Ungeachtet ihrer Qualifikation, Motivation und Leistung wurden sie nur geholt, um innerhalb der Probezeit gleich wieder hinausgeworfen zu werden.

Woche für Woche muss ich mich jetzt von einem von ihnen verabschieden. Heute ist Nummer 7 an der Reihe. Damit der Kündigungsprozess unter diesen außergewöhnlichen Umständen nicht nur »professionell und standardisiert«, sondern auch möglichst human abläuft, ließ ich mir etwas Außergewöhnliches einfallen: Ich überbringe die schlechten Nachrichten bei einem gemeinsamen Lunch in der Kantine! Quasi als Henkersmahlzeit darf Nummer 7 auf Firmenkosten noch einmal Zeit mit mir verbringen und am Buffet kräftig zulangen. Zugegeben, das ist zwar etwas unorthodox, aber wie sagt die Personalabteilung so schön: »Eine Kündigung muss kein negatives Erlebnis sein!«

› Jemandem zu kündigen ist eine super unangenehme Situation, über die du am Vorabend zu Hause lieber nicht nachdenken willst ... ‹

(Tourismus)

Begleitete externe Weiterentwicklung, Teil 1

› Mitarbeitern kündigen zu müssen, hat mir durchaus die eine oder andere schlaflose Nacht gebracht. Das wird auch mit der Zeit nicht wirklich leichter. ‹

(Internetbranche)

› Ich musste schon mehrfach Leute abbauen. Am schmerzhaftesten ist das bei diesen großen Programmen, wo es gleich pauschal um zehn oder gar 20 Prozent der Belegschaft geht. Da hat man dem Einzelnen gegenüber nicht wirklich viele Argumente in der Hand ... ‹

(Handel)

› Großkonzerne sind einfach grausam! Wenn die jemanden nicht mögen und ihn absägen wollen, dann gibt es viele Möglichkeiten, das zu tun. Man gibt jemandem beispielsweise das schlimmste Thema, das gerade ansteht. Die Idee dahinter: Der wird das nicht schaffen und dann haben wir einen Grund, ihn rauszuschmeißen. ‹

(Handel)

› Es ging darum, eine größere Menge an Kündigungen auszusprechen. Viele Führungskräfte waren davon nicht überzeugt und mit der Situation heillos überfordert. Da sie ihren Mitarbeitern nicht wirklich erläutern konnten, warum diese Kündigungen notwendig seien, arbeiteten sie mit anderen Maßnahmen: Sie versetzten die Leute einfach von heute auf morgen quer durchs Land in der Hoffnung, dass das deren Kündigungsbereitschaft fördern würde. Doch wenn jemand nachfragte, warum er jetzt plötzlich in die Stadt X müsse, wo er doch hier einen guten Job gemacht habe, hatten sie natürlich wieder keine vernünftige Antwort. ‹

(Industrie)

› Als der Personalleiter aufgrund der wirtschaftlichen Umstände so um die 30 Kündigungsgespräche führen musste, da brachte es dieser gestandene, 60-jährige Mann nicht ohne Tränen übers Herz, seinen alten Kollegen die schlechten Nachrichten zu überbringen. ‹

(Beratungskonzern)

Kündigungen sind immer unangenehm. Wer etwas anderes behauptet, lügt! Ich kenne niemanden, der so krank wäre, das zu genießen. Nehmen Sie die »Konzernbeamten«: Wenn man denen kündigt, dann befürchten die zu Recht, dass sie wohl nie wieder ein derart duldsames Umfeld vorfinden werden. Die stehen dann mitten im Gespräch auf, laufen zum Betriebsrat und weinen sich dort aus. Alles schon erlebt! Anschließend muss man wochenlang mit irgendeinem Vertreter des betriebsrätlichen Arbeitnehmerschutzkomitees verhandeln und stalinistische Zermürbungstaktiken ohne Ende über sich ergehen lassen, bevor sich endlich ein oberfauler Kompromiss erzielen lässt. Unangenehm!
Wenn man sich von einem der Arbeitsbienchen trennen muss, dann blickt es einen beim »Externen-Weiterentwicklungs-Dia-

log" zumeist nur ungläubig an. Aber was habe ich denn getan? Warum ich? Die armen Bienchen sind mit der Situation immer klar überfordert und tragen – entgegen den KMEFF-Prozessvorgaben – selten etwas zum Gespräch bei. Ihr Schock rührt von einem gefährlichen Irrtum her: Das Bienenvolk sieht in seinem Unternehmen gerne den Mutterstock, der seine Kinder niemals verstoßen wird. Der Konzern weiß das natürlich und nutzt diese naive Nibelungentreue bei der erstbesten Gelegenheit eiskalt aus. Nur die wenigsten Bienchen bleiben Realisten und akzeptieren, dass heutzutage kaum noch jemand bis zur Pensionierung für ein und dasselbe Unternehmen arbeitet. Man muss immer absprungbereit sein – schon für den Fall, dass man abgesprungen wird, sozusagen.

Schließlich gibt es beim »offiziellen Akt zum Beziehungsende« noch diejenigen Mitarbeiter, die intuitiv verstehen, dass selbst der fürsorglichste Manager manchmal Entscheidungen exekutieren muss, die unfair sind und schmerzen. Die Gewissheit, dass das die klügsten sind, die schon bald wieder »anschlussverwertbar« sein werden, erleichtert mir die Sache naturgemäß.

Nummer 7 ist einer von denen. Da sein singulärer Daseinszweck im unverzüglichen, »begleiteten Abgang« bestand, habe ich mich bislang kaum mit ihm beschäftigt. Aber als ich ihn in die »VIP Area« der Kantine lotse (die gleichen Plastikstühle, nur etwas abseits hinter den Gummibäumen) und ihm die Lage erkläre, zeigt er sich durchaus als aufgewecktes Bürschchen. Neben uns hat auch das unvermeidliche Häschen aus der Personalabteilung Platz genommen: Anfang 20, Pagenkopf, Spießerbluse, das Klemmbrett mit Notizen fest umklammert. Die Personalabteilung muss dabei sein, ohne deren Beistand wird bei uns niemandem gekündigt. Spießerbluse soll dafür sorgen, dass wir als Unternehmen bei etwaigen, späteren Gerichtsverfahren möglichst wenig Angriffsfläche bieten. Sie ist also eher ein Beistand für mich als für Nummer 7. Da Kündigungen auch in der Personalabteilung nicht zu den beliebtesten Tätigkeiten gehören, müssen da meist die Jungen ran. Mir ist das recht, denn in ihrer Unerfahrenheit wagt es dieses Häschen sicher nicht, sich groß einzumischen und ich kann das so machen, wie ich es will.

Nummer 7 reagiert nicht bitter, nach sechs »Vorgängern« hat er das Spiel ohnehin schon durchschaut. Als ich beginne, die juristisch lupenreinen KMEFF-Floskeln abzuspulen (Das ist nichts Persönliches. Der intensive Wettbewerb ist schuld. Wir müssen uns nun alle professionell verhalten. Ein gutes Zeugnis ist ihm gewiss. Falls er möchte, kann er sich gerne den Rest des Tages freinehmen.) lächelt er nur wissend. Auch das Personalhäschen nickt, natürlich hat sie meinen Worten nichts hinzuzufügen.

Ohne sich auch nur einmal zu beklagen akzeptiert der Bursche die Situation und bittet mich höflich um eine Empfehlung für eine andere Firma. Als er die Wellen von »Raue See« auf sich zurollen sah, reagierte er bereits und nahm Kontakt mit mehreren Unternehmen auf. Kluges Kerlchen, so viel Pragmatismus gefällt mir! Ich dränge ihn, sich doch bitte unbedingt noch eine zweite Portion Nachtisch zu holen, denn heute gibt es Erdbeertaschen, und die sind richtig gut. Spießerbluse nickt wieder.

Begleitete externe Weiterentwicklung, Teil 2

› Ich glaube, dass ich bei Kündigungen so rüberkomme, dass sich die Leute trotz der Umstände weiterhin mit mir und der Firma identifizieren können. Ich versuche, der anderen Seite einfach klar zu machen, warum es gemeinsam nicht mehr geht und welche Möglichkeit es nun gibt. Eine Kündigung ist ja nicht das Ende, sondern eigentlich die Chance, wieder etwas Neues zu beginnen. Und wahnsinnig viele solcher Chancen hat man ja im Leben nicht … ‹

(Industrie)

› Als ich das erste Mal einem Mitarbeiter kündigen musste, wurde ich vorab geschult: Welche Floskeln man verwenden solle, wie man zu argumentieren habe. Doch das bereitet einen auf so etwas natürlich nicht adäquat vor. ‹

(Beratungskonzern)

› In dem Moment, in dem man eine Kündigung ausspricht, stürzt für viele natürlich eine Welt ein. Die Leute brechen in Tränen aus und man versucht, mit denen in den nächsten Minuten eine neue Welt aufzubauen, wo sie auch eine Zukunft sehen.

Ich versuche vor allem zu verstehen, warum das jetzt solch eine Katastrophe ist. Ist es rein emotional? Dann muss man auch auf der emotionalen Schiene reagieren. Wenn es ums Geld geht, musst du ihm das Gefühl geben, dass er wieder eine Arbeit finden wird. Am Schwierigsten ist es, wenn es um die Firmenidentität geht. Die wird er woanders nicht so schnell wieder finden. ‹

(Industrie)

› Ich habe mir beigebracht nicht darüber nachzudenken. Während der Wirtschaftskrise entließen wir Tausende. Jemand entschied: »Die Leute auf dieser Liste sind morgen nicht mehr da!« und so war es auch. Wir schützten damit alle anderen: Gehen die nicht, dann haben wir alle zusammen bald keine Arbeit mehr! ‹

(Automobilbranche)

› Bei uns gibt es diese Videokonferenzsysteme: Die Dinger stehen in speziellen Räumen und werden über den Outlook-Kalender gebucht. Bei der Suche nach einem freien Videoraum entdeckte ich, dass einer der Chefs zahlreiche Video-Meetings mit seinen Leuten gebucht hatte. Die zogen sich über einen ganzen Tag hin, eins nach dem anderen. Als ich dann auch noch sah, dass bei jedem dieser Meetings jemand von der Personalabteilung dazugebucht war, wusste ich: Hier macht gerade einer sein Team zu! ‹

(IT-Branche)

› Im Rahmen einer Restrukturierung musste ich Leute auf die Straße setzen. Dabei kam es zur gemeinsten Kündigung, die ich je durchführen musste. Die verfolgt mich bis heute!
Die Personalabteilung hatte bereits verkündet, dass Positionen wegfallen, doch diese eine Dame weigerte sich partout: Nein, nein, nein, sie suche sich sicher keinen neuen Job! Die ging gar nicht mehr weg, wollte sich nicht nach Hause schicken lassen. Die einzige Möglichkeit war, ihr vor allen anderen die Kündigung in die Hand zu drücken und zu sagen: »Du verlässt jetzt sofort das Unternehmen!« Das kam nicht so gut an … ‹

(Banken & Versicherungen)

Nach seiner kurzen Zugehörigkeit zu unserer Gemeinschaft gibt es für Nummer 7 natürlich keinerlei Kündigungsentschädigung. Dieses Essen und ein paar aufmunternde Worte müssen reichen. Dennoch setze ich an dieser Stelle jedes Mal die Niedergeschlagener-Paul-Hecht-Maske auf, wenn ich die Personalerin (vielleicht etwas scheinheilig) frage: »Ob man für diesen besonderen Mitarbeiter nicht doch vielleicht ausnahmsweise ein kleine Abfindung …?« und sie genervt mit »Nein!« antwortet. Das war klar, aber so bleibe ich der Gute und sie ist die Böse.
Nummer 7 nickt, als ich ihn frage, ob er mit dem Verlauf des Kündigungsgesprächs zufrieden gewesen sei. Welcher Chef nimmt sich sonst schon soviel Zeit für jemanden in der Probezeit? Daran wird er sich erinnern und ich spanne so elegant mein Netzwerk über unseren Konzern hinaus – wer weiß, wo dieser Bursche später einmal auftauchen wird? Zum Abschied gibt es ein freundliches Zunicken und einen Klaps auf die Schulter, dann trennen sich unsere Wege: Ich gehe zurück in die Führungsetage und Nummer 7 verabschiedet sich im Gefolge des Personalhäschens in die Arbeitslosigkeit. Wie heißt es doch so treffend: »Life is no beach!« Und das Konzern-Life schon gar nicht.

› Ich wurde nur einmal gekündigt. Wir bekamen relativ bescheidene Pakete. Da merkte ich, wie gut es gewesen wäre, hätten wir einen Betriebsrat gehabt. ‹

(Internetbranche)

Der Konzern dankt

› Was das Finanzielle angeht, bin ich bei Kündigungen immer sehr großzügig. Denn die Anwaltskosten für einen etwaigen Prozess liegen mit Sicherheit über jeder Abfindungssumme. Zudem findet man meistens irgendwelche zentralen Budgets, wo man das hinbuchen kann und das eigene Budget nicht belasten muss. So kann man leicht großzügig sein ... ‹

(Tourismus)

› Früher gab es für lang gediente Mitarbeiter ein kleines Geschenk, das man sich auf einer Website aussuchen konnte: Ein schönes Stifteset im Lederetui, eine Visitenkartenbox aus Edelstahl oder einen Laptop-Rucksack. Seit dem letzten Kostensenkungsprojekt erhält jetzt jeder eine Plexiglas-Skulptur, in die gläserne Murmeln eingefügt werden können – jeweils eine für fünf absolvierte Dienstjahre. Dazu gibt es eine interne Website, auf der man den Kollegen Glückwünsche ausrichten kann – was üblicherweise unterbleibt. Deswegen verfügt diese Website, und das ist die Krönung, auch über einen »Gratuliere-dir-selbst!«-Button – für den Fall, dass niemand anders gratuliert. ‹

(IT-Branche)

Gruppen
Business
Roger Aerni
Liza Alegado
Shelley K. Allen
Allianz
Jane Amidon
Mutz Andre
Apple Computer GmbH
Apple Friends
Archidelis
DI.Ing. Martin Atzwanger
AUDI AG
Augmüller Kunstoffe
Autoabschlepplatz
Dr. Claudio Barbati
Bartholl Aram
Heino Baumgarten
Dirk Beichert
Petra Blaisse
Mr. Lo Breier
FaceTime

Mittwoch, Nachmittag

13.30 Uhr, Telefonkonferenz mit Überraschungsfaktor

Maria hat tatsächlich zugelassen, dass sich eine dieser überflüssigen Telefonkonferenzen mit unserer fernöstlichen Dependance in meinen Kalender drängt. Wozu halte ich mir eine PA, wenn sie so etwas erlaubt? Diese »Calls« sind sinnlos, langweilig und verblödend. In einem kurzen Wutanfall (sowas kommt in letzter Zeit öfter vor) muss ich mein Handy-Ladekabel der Länge nach aufschlitzen. Augenblicklich geht es mir besser.
Die Calls laufen nach dem immer gleichen, unumstößlichen sechsstufigen Schema ab:

1. Der Einwahlcode stimmt nicht. Hektisches Herumgemaile, bis endlich alle einen neuen Code haben. Jedes Mal, verdammt!
2. Zur Begrüßung eine endlose Runde verlogener Höflichkeitslitaneien: »Oh Mr. Bla bla bla, it's so fantastic to have you in this call today!« Was übersetzt so viel heißt wie: »Oje, hatten Sie also auch nichts Besseres vor, als hier gefoltert zu werden?"
3. Die angeblich so bescheidenen Asiaten huldigen überbordendem Selbstlob. In etwas, das sie gerüchteweise für Englisch halten, erzählen sie, wie toll ihr Geschäft doch laufe, was keiner glaubt und niemanden interessiert.
4. Die Europäer und Amerikaner versuchen die peinliche Prahlerei noch zu überbieten. Dreißig endlose Telefonminuten in einem Satz zusammengefasst: »Wir sind noch viel, viel toller als ihr, ätsch!« Man meint, über alle Kontinentalgrenzen hinweg deutliche Würggeräusche zu vernehmen.

5. Es gibt keine Fragen. Wozu auch?
6. Die Verabschiedung. Gesagt wird: »Thank you, this was great!« Gedacht wird: »Wenn meine PA das noch einmal zulässt, dann ...« Wie der Satz endet, würde mich tatsächlich mal interessieren, doch das wird leider nicht besprochen.

Einwahlcode

› Wir hatten diese ewig langen Telefonkonferenzen mit indischen Entwicklern. Die reinste Folter! Zum einen hatte das Meiste, was da besprochen wurde, nichts mit meiner Arbeit zu tun. Und zum anderen sprachen die Inder so grottenschlecht Englisch, dass man überhaupt nicht verstand, was die da brabbelten.
Was diese Termine dann doch noch einigermaßen erträglich machte: Alle chatteten nebenher per Skype. Du ärgerst dich gerade über die brutale Zeitverschwendung, plötzlich poppt eine Skype-Nachricht auf: »Verstehe null, was diese Irren da erzählen!« Dann die nächste: »Ich glaube, der will heim zu seiner Mami!« Und so weiter und so fort. In gewissem Sinne war das eine Art europäisches Teambuilding – lasst uns gemeinsam die Inder verarschen. ‹

(Internetbranche)

Dieser »Gedankenaustausch« mit unserem asiatischen Ableger ist ein weiterer Beleg dafür, dass die Idee einer gemeinsamen, weltumspannenden Konzernkultur akademischer Nonsens ist. Ich verstehe die Kollegen aus dem fernen Osten nicht, sie mich auch nicht und das einzige, was uns alle verbindet, ist das Firmenlogo auf unseren Gehaltszetteln. Und die gegenseitige Angst davor, in irgendwelche obskuren Fettnäpfchen zu treten, von denen man nicht einmal wusste, dass sie überhaupt existieren. Ich bin mir sicher, dass ich nicht der Einzige bin, der sehr gut ohne diesen interkulturellen Anspruch leben könnte. Irgendjemand sollte seiner Hoheit, dem Kulturgeier, mal stecken, dass die verbindende Kraft schöner Werte weltfremd ist.

› Vor einer Dienstreise nach Japan informierte ich mich über die Dos and Don'ts: Visitenkarten mit beiden Händen überreichen, sehr förmlich auftreten, immer Anzug und solche Dinge. In Tokio angekommen, wartete ich in meinem besten dunklen Anzug auf meinen Gesprächspartner. Der kam in einem knallroten T-Shirt hereingeschlurft, auf dem »Lick – Suck – Blow« stand! Es stellte sich heraus, dass auch er ein interkulturelles Training gemacht und dort erfahren hatte, dass die junge europäische Führungsriege nicht mehr so förmlich auftrete. Ich glaube aber dennoch nicht, dass er wirklich wusste, was da auf seinem T-Shirt stand. ‹

(Handel)

› Japaner mögen keine Überraschungen. Wenn du dort etwas erreichen willst, musst du den Leuten vorab ausführlich erklären, was du willst. Dann fühlen die sich abgeholt und du kannst davon ausgehen, dass keiner mehr ausschert. Das eigentliche Meeting ist dann nur noch zum Abnicken.

Die Amis machten oft den Fehler, dass sie in Japan immer mehr verlangten, als ausgemacht worden war. Die dachten sich: »Läuft doch prima, das Meeting!« und wollten sofort noch drei weitere Sachen haben. Das irritierte die Japaner und am Ende kam gar nichts dabei raus. ‹

(IT-Branche)

› Während einer Geschäftsreise ging ich mit meinem koreanischen Geschäftspartner in Seoul zufällig an einer Tierhandlung vorbei, in der auch Haustiere angeboten wurden. Da ich zu dem Zeitpunkt bereits mehrere Tage vor Ort gewesen war und meinte, ein gewisses Vertrauensverhältnis zu meinen koreanischen Gastgebern aufgebaut zu haben, fragte ich ihn: »Stimmt es eigentlich, dass in Korea noch Hund gegessen wird?« ‹

Worauf sich der Koreaner empörte: Nein, natürlich nicht, das wäre eine grobe Verunglimpfung und würde immer nur von Ausländern behauptet! Und er ergänzte: »Wenn, dann werden nur sehr, sehr dumme Hunde gegessen.« ‹

(Telekommunikation)

› Ein hochrangiger Kollege flog extra für eine Woche aus Korea ein und mein Kumpel sollte sich um den kümmern. Es war ganz klar, dass der Koreaner irgendwann ins Bordell wollen würde, denn die wollen alle ins Bordell, wenn sie herkommen. Also erfand mein Kumpel für jeden Abend der Woche eine Ausrede, damit er den ja nicht in den Puff begleiten musste: Am Montagabend brach bei seiner Familie ganz plötzlich die Grippe aus, am Dienstag war etwas mit seiner Oma, am Mittwoch hatte er spätnachts noch einen unaufschiebbaren Arzttermin und so weiter und so fort. Der Koreaner muss gedacht haben, dass er die absolute Horrorwoche meines Freundes miterlebte … ‹

(Telekommunikation)

Der Call mäandert dahin, wir sind mitten in Stufe 3 – Selbstbeweihräucherung asiatische Art. Ich höre schon eine ganze Weile nicht mehr richtig zu, sondern suche – mein Telefon auf stumm geschaltet – nach einem neuen Ladekabel. Plötzlich fällt mein Name: »I hear your Paris meeting not very good, Paul. Soooo sorry!« Das kann nicht sein! Woher weiß man am anderen Ende der Welt, was gestern in Paris geschah? Jetzt bin ich wieder wach. Ich schlucke, unhörbar (Stumm-Taste!). 180 Puls. Unser digitales Zeitalter globalisiert natürlich auch den konzerninternen Flurfunk und böse Gerüchte und Schmähungen finden ihren Weg in kürzester Zeit vom Eiffelturm bis an den Jangtsekiang. Wer hat da geplaudert? Und was? Ich muss sofort zur Kniesterin!

Ohne ein Wort zu sagen, lege ich auf, renne aus dem Büro und in – Christine. So als wäre »Paris« das Stichwort für ihren Auftritt gewesen, tritt Mrs. Bigshot, »Sonderbeauftragte für Spezialprojekte«, genau in diesem Moment aus dem Toplift. Was macht die denn hier? Ich fürchte, mein Mund steht ein Stück weit offen. Mund schließen! Schlucken! Unverfänglich etwas Kluges sagen! Los!

Es sind Momente wie dieser, die über Wohl oder Weh einer Karriere entscheiden. Aufgrund von nobelpreisverdächtigen Analysen, bahnbrechenden Forschungsergebnissen oder umjubelten Reden wurde noch nie jemand zur Nummer 1! Jeder Wirtschaftskapitän, der es zu etwas gebracht hat, wird Ihnen bestätigen: Der endgültige Schritt zum Zenit kommt immer völlig unverhofft, wenn man ohne eine Sekunde der Vorbereitung mit einer wegweisenden Situation konfrontiert wird und diese rein instinktiv, als wahre Führungskraft meistert! Ich fühle, dass dieses neuerliche Zusammentreffen mit Christine, jetzt und hier, am frühen Mittwochnachmittag, mein bestimmender Moment werden könnte!

Nicht planbar

› Ich war damals erst kurze Zeit im Unternehmen und saß an einem Freitag um 18.00 Uhr noch im Büro, das ansonsten schon leer war. Plötzlich kam einer der Vorstände vorbei und bat mich, ihm übers Wochenende eine Präsentation für den Aufsichtsrat zu basteln. Ich sagte sofort zu, schmiss all meine Wochenendpläne über den Haufen und bereitete seine Präsentation termingerecht vor. Er fand sie gut und fragte mich direkt, ob ich, ein kompletter Anfänger, nicht sein persönlicher Assistent werden wolle. Das war der Beginn meiner Karriere. ‹

(Banken & Versicherungen)

› Ein Kollege und ich hatten ein Meeting mit seiner Chefin. Wir waren gerade in die Diskussion vertieft, als dieser Dame plötzlich ein zutiefst menschlicher Fauxpas unterlief, der klar und deutlich zu hören war. Wir taten natürlich so, als ob nichts geschehen wäre und ignorierten tapfer ihr tiefrotes Gesicht. Mir konnte sie ja nichts anhaben, aber meinen Kollegen schmiss sie nur wenig später unter einem hanebüchenen Vorwand hinaus. Ich bin mir noch heute sicher, dass sie einfach niemandem in ihrem Team haben wollte, der das mitbekommen hatte. ‹

(Telekommunikation)

Während ich Christine mit freundlichem Lächeln (mein Mund ist zu!) die Hand entgegenstrecke, rasen die Gedanken in Überschallgeschwindigkeit durch meinen Kopf: Hat sie meinen desaströsen Auftritt gestern schon wieder vergessen? Oder haben sie und Monsieur CFO noch lange über mich gesprochen? Erkannte sie wenigstens mein Improvisationstalent? Soll ich ihr von dem U-Boot erzählen? Weshalb ist sie heute hier? Warum hat sie ihren Besuch nicht angekündigt? Soll ich sie später zum Dinner einladen oder ist das zu direkt?

»Christine! Wie schön, dass Sie kommen konnten!« Die Stimme unseres Landes-CEOs entlockt ihr unvermittelt jenes freundliche, aber unverbindliche Lächeln, das ich schon kenne. Sie nickt mir – für eine Frau bewundernswert – gönnerhaft zu, geht über den Gang zu ihm und verschwindet im Geiernest. Erst Marias leises Hüsteln holt mich aus meiner Erstarrung zurück, meine Hand noch immer zur Begrüßung von mir gestreckt ...

Chefinnen

› Das Geschlecht spielte bei uns nie eine Rolle. ‹ (Handel)

› Fast unser gesamtes Topmanagement ist weiblich. »Culture Diversity« und dieser Kram, der in anderen Unternehmen oft als oktroyiert und mechanisch empfunden wird, ist hier völlig normal, quasi »Unternehmens-DNA«. Natürlich ist es ungewöhnlich, vor allem Frauen in Führungspositionen zu haben, aber ich hatte selten so gute Chefs! Die setzen ihre Vorstellungen in einer sehr angenehmen Weise durch und ich kann viel von ihnen lernen. ‹ (Internetbranche)

› Lange Zeit wurde unser Büro ausschließlich von Frauen geführt. Die – männlichen – Kollegen aus anderen Büros fragten oft: »Und ihr seid wirklich erfolgreich? Das kann doch nicht sein!« Die sagten das wirklich genau so! ‹ (Beratungskonzern)

› Kurz nachdem mein Bereich, der lange Zeit defizitär gewesen war, die neuesten Quartalszahlen bekommen hatte, traf ich meine Chefin zum wöchentlichen Meeting. Ich strahlte sie an, denn die Zahlen waren toll: »Wir haben den Turnaround geschafft!« Darauf sie: »Wer weiß, ob die stimmen." Mir blieb der Mund offen, aber ich versuchte es noch einmal: »Wir waren selbst überrascht und haben nachgerechnet. Wir sind super unterwegs!« Worauf sie kurz schwieg und dann meinte: »Aha, dann wäre es jetzt umso wichtiger zu verstehen, warum ihr davor so schlecht wart!« Kein Wort der Anerkennung oder des Danks. Dieser ganze Mythos vom großartigen weiblichen Führungsstil kann mir seither gestohlen bleiben! ‹

(Telekommunikation)

15.30 Uhr, Übers Ziel hinausgespart

Die Grundformel ist banal, jeder Student der Betriebswissenschaften lernt sie im ersten Semester: Umsatz – Kosten = Gewinn. Wenn man will, dass am Ende etwas übrig bleibt, dann muss man weniger ausgeben, als man einnimmt. Private Haushalte funktionieren nach dieser Logik. Kleine und mittelgroße Betriebe sowieso. Ganz einfach – möchte man meinen!

Im alltäglichen Geschäftsgebaren der Großkonzerne erweist sich die Umsetzung dieser simpelsten aller kaufmännischen Regeln allerdings als schwierig, wenn nicht sogar unmöglich: Unser Konzernvorstand verspricht unseren Großinvestoren Jahr für Jahr »attraktive« (sprich »steigende«) Gewinne. Doch leider gehen unsere Umsätze ebenso regelmäßig nach unten. Gemäß eherner Konzernlogik wendet sich die Zentrale reflexartig an uns, die Landesgesellschaften, das klaffende Loch zwischen sinkenden Einnahmen und steigenden Gewinnerwartungen zu schließen. Auftrag an alle: Noch mehr Gewinn abliefern, egal wie viel wir umsetzen!

Also zerbrechen sich die Superhirne im zentralen Elfenbeinturm, unsere französischen Finanzgenies und natürlich auch die betroffenen Landesvorstände alle zusammen ihre graumelierten Eierköpfchen, wie denn dieser gordische Knoten zu entwirren wäre. Den Investoren verklickern, dass es auch mal ein Jahr geben muss, wo man etwas kürzer tritt? Nein, undenkbar! Den Finanzanalysten erklären, dass kurzfristige Rendite zu Lasten mittelfristiger Perspektiven geht? Ach wo! Und auf welches allmächtige

Zaubermittel verständigen sich diese Großmeister der Wirtschaft dann Jahr für Jahr aufs Neue? Sparen! Wenn der Wind mal wieder etwas rauer weht: Kürzen, Kosten runter! Sparen!
Man könnte auch Mittel bereitstellen, um neue Produkte zu entwickeln, alte Produkte zu verbessern oder ein Innovationsteam aufzubauen, das diesen Namen verdient. Man könnte einen besseren Kundenservice anbieten, die Vertriebswege ausbauen und neue Märkte erschließen. Wenn man besonders intelligent wäre, sähe man sogar davon ab, vielversprechende U-Boot-Projekte einfach so abzuschießen. Aber da niemand mit absoluter Gewissheit vorhersagen kann, ob das neue Produkt auch wirklich ein Renner wird, ob sich die gesteigerte Servicequalität tatsächlich positiv auf die Kundenzahlen auswirkt oder ob dieser vielversprechende Markt die ganze Zeit nur auf uns gewartet hat, riskiert man lieber nichts. Im hohen Wettbüro des Topmanagements wettet man nur auf Sieg. Unsichere Optionen, deren Ergebnisse erst mittelfristig feststehen werden, überfordern die Konzernführung. In einer Welt, wo immer nur der nächste Quartalsabschluss über Auf oder Ab der Hauptdarsteller entscheidet, bringen unternehmerischer Mut und längerfristiges Denken keine Bonuspunkte.
Und so kommt es, wie es kommen muss: Der Konzern greift zum immer gleichen Patentrezept und spart ein! Denn das funktioniert wirklich und vor allem kurzfristig. Wenn man nur genügend Leute »extern weiterentwickelt«, Niederlassungen schließt, Budgets pauschal kürzt, Dienstreisen einschränkt und die Besprechungskekse abschafft, dann ist der »Erfolg« vorprogrammiert: Die Kosten gehen garantiert runter. Eine todsichere Wette – her damit!

Kosten-
optimierung,
Teil 1

› Damit Mitarbeiter sich kostenbewusst verhalten, bedarf es einer guten Unternehmenskultur. Wenn die fehlt, werden sie immer Wege finden, solche Vorschriften zu umgehen. Beispielsweise waren wir angehalten nur Economy Class zu fliegen. Doch die Leute mussten »zufällig« genau dann fliegen, als es leider nur noch Sitze in der Business Class gab. Wenn die Kultur nicht passt, dann werden die Leute alles zu Fall bringen. ‹

(Beratungskonzern)

› Wir befinden uns in einer Phase unheimlich starker Konkurrenz und produzieren kaum noch Gewinn. Entsprechend stark ist der Kostendruck. Ich bekomme derzeit nicht einmal die Freigabe für Mitarbeitertrainings um 40 Euro! ‹

(Tourismus)

› Ganz schwierig finde ich es, wenn man sagt: »Wir müssen zehn Prozent sparen, ganz egal wie!« Und dann wird einfach mit dem Rasenmäher einmal quer durchs Unternehmen rasiert. ‹

(Medien)

› Manches, was da passierte, war durchaus skurril: Zum Beispiel lief der Geschäftsführer persönlich los und hängte überall selbstgemalte Schilder auf: »Wer Kosten spart, sichert Arbeitsplätze!« Die Dinger hingen sogar im Lager, wo niemand Deutsch spricht und sie keiner lesen konnte. ‹

(Handel)

Niemand bezweifelt die Notwendigkeit des Sparens an sich. In den meisten Konzernen ist die Zeit der großen Geldverschwendung ohnehin schon lange vorbei. Doch wenn Jahr für Jahr eine Kostensenkungs-Sau nach der anderen durchs konzerneigene Dorf getrieben wird, dann ist die Signalwirkung jedes weiteren Einsparungsprogramms nur noch verheerend. Zu Recht fragt die Belegschaft: »Warum fällt denen da oben nichts anderes ein?

Sind die so blind und sehen nicht, dass längst kein Fleisch mehr an den Knochen ist? Was kommt als Nächstes?« Es kam – die »Raue See«.

Kurz nachdem ich im Toplift vom neuen Programm erfahren hatte, wurden auch schon die ersten blutjungen Consulter im Haus gesichtet. Mit ernsten Gesichtern und dunklen Anzügen schritten sie durch die Gänge, nur ein Ziel vor Augen: Drastisch und schnell unsere Kosten zu senken!

In seiner perfekt gestalteten »Kickoff-Präsentation Raue See« drückte es der schmierige Ober-Consulter so aus: »Unser Ansatz entspricht internationalen Best Practices! Ihr Unternehmen ist ein global führender Player. Wenn sie ihre Strukturen mit unserer erprobten Hilfe marktkonform verschlanken, dann werden wir die erforderliche strategische Neuorientierung in Rekordzeit gemeinsam erfolgreich implementieren!« Hut ab: Ein Dutzend Bullshit-Begriffe in nur drei Sätzen, das nötigt sogar mir Respekt ab! Und bei unserem Vorstand zeigten die sinnentleerten Worthülsen die erhoffte pawlowsche Wirkung – speicheltriefend vor Freude, zum Kreise »global führender Player« zu gehören, stattete man die gegelten Berater-Affen mit umfangreichen Sondervollmachten aus und ließ das »Best-Practice«-Kostensenkungsprogramm »Raue See« wie geplant anrollen. Was hätte man auch sonst tun sollen, einen anderen Plan hatte es ja nie gegeben.

Die Berater

› Unser Topmanagement war von diesen »Best Practices« immer ganz begeistert. Doch niemand machte sich je die Mühe, zu prüfen, ob das wirklich die »Best Practice«, die bestmögliche Vorgehensweise, war. Wahrscheinlich war es eher so, dass irgendjemand zu irgendeiner Sache überhaupt einmal etwas gemacht hatte. Und diese »Only Practice« wurde dann gleich als »Best Practice« verkauft, weil sich das natürlich viel besser anhörte. ‹

(IT-Branche)

› Letzte Woche bekam ich das Angebot einer Beratung für ein Projekt. Die hatten einfach ein altes Angebot für einen anderen Kunden genommen und nur den Adressaten ausgewechselt. Die wissen natürlich, dass wir ein Reisekonzern sind, dennoch begann ihr Schreiben mit: »Die Bankenindustrie ändert sich!« Ich dachte mir: »Bin ich hier im falschen Zug?« Als Tourismusunternehmen bekomme ich ein Angebot für ein Projekt um 350.000 Euro, in dem es um Finanzinstitute geht. Da fühlst du dich verarscht! ‹

(Tourismus)

› Für jeden Partner in einer Unternehmensberatung ist nur eines wichtig: Umsatz machen! Wer Umsatz macht, bestimmt. Und wer keinen Umsatz macht, bestimmt nicht. ‹

(Beratungskonzern)

› Unser Beratungsunternehmen hatte den Auftrag, zu eruieren, wo die Schwächen dieses Konzerns lägen. Der Plan war, Experten im Konzern zu fragen, deren Antworten um ein paar generelle Punkte zu ergänzen und das dann dem Kunden zu präsentieren. Vier Wochen lang analysierten wir mit großem Aufwand, strukturierten Ergebnisse und bereiteten sie mit ausgeklügelten Methoden auf. Mit dem Erfolg, dass am Ende genau jene Punkte herauskamen, die uns deren Experten ganz am Anfang aufgeschrieben hatten. ‹

(Beratungskonzern)

› Manchmal, wenn wir nicht mehr weiter wussten, musste unsere ominöse »Datenbank« herhalten. Ein Kunde aus einer sehr speziellen Branche fragte beispielsweise nach Vergleichswerten aus anderen Märkten. Wir suchten eine Weile, fanden aber nichts. Als der aber partout auf seinen »Best Practices« bestand, kam wieder mal »die Datenbank« zum Zug: Wir nannten ihm Zahlen, die wir aufgrund unserer Erfahrung für realistisch hielten, und gaben als Quelle diese tolle Datenbank an. Zuzugeben, dass wir keine Vergleichswerte hatten, war keine Option, schließlich waren wir ja DIE Experten. ‹

(Beratungskonzern)

Selbst dieser sündhaft teuren Beratertruppe fiel zum Thema »marktkonforme Verschlankung« letztendlich nichts anderes ein, als haufenweise Leute rauszuschmeißen. Keine schwere Entscheidung, denn auch für Consulter ist der Abbau von Mitarbeitern bei ihren Kunden eine sichere Wette. Auf diese Weise können sie ihre »ambitionierten« Kostensenkungsziele schnell erreichen und ebenso schnell ihren Bonus einstreichen.

Folglich drehte sich bei »Raue See« alles um den Abbau unserer Belegschaft. Jeder Fünfte muss gehen, Nummer 7 und seine Kollegen sind nicht alleine in diesem Meer enttäuschter Hoffnungen. Alle Bereiche und Hierarchieebenen sind betroffen. Wir sind derzeit übrigens 15 Bereichsleiter, das heißt: Theoretisch müssten sich auch drei von uns in Kürze verabschieden. Ich bin gespannt, welche armen Schweine es erwischen wird ... Auf Dr. W. zu wetten, wäre zwar eine sichere Sache, ist aber doch ein bisschen zu zynisch.

Schon kurz nach dem Start des Programms dürfte den Herren Beratern dann klar geworden sein, dass die Kündigungsorgie leider nicht ausreichen würde, die Einsparungen in der erhofften Höhe zu erzielen. Hektische Betriebsamkeit im »Program Office« der »Rauen See«! Um die schönen Boni zu retten, mussten dringend »zusätzliche Kostenpotenziale« gefunden und »gehoben« werden. Und genau das ist auch der Grund für Christines heutigen Besuch, sagt mir jetzt meine PA. In zehn Minuten wird sie als Letztverantwortliche für »Raue See« gemeinsam mit den Beraterschnöseln verkünden, was da jetzt noch kommen soll. »Du hast die Einladungs-E-Mail nicht gelesen, oder, Mr. Paul?« Mein Blick lässt Maria ganz schnell wieder verstummen. Aber natürlich interessiert es mich und so schließe ich mich der Karawane an, die in langen Reihen zur Verkündigungsstätte, dem großen Auditorium im Erdgeschoss, zieht.

Kostenoptimierung, Teil 2

› Leute »permanent zu beurlauben« bereitet mir wenig Probleme. Wir sind in einem harten Gewerbe, mit vielen Mitarbeitern, da darfst du keine persönliche Nähe aufbauen. Die Arbeiter am Band musst du als anonyme Arbeitserbringer sehen, als virtuelle Kapazität: Heute brauche ich zehn mehr, morgen brauche ich zehn weniger. Das sind keine Namen, das sind Nummern. ‹

(Automobilbranche)

› In der Krise fuhren wir 15.000 Leute runter. Das ging alles über Abfindungen. Ob das dem Unternehmen unterm Strich wirklich gut getan hat? Ich bezweifle es. Die, die als Erstes gehen, sind nämlich meistens die mit den besten Alternativen und das sind erfahrungsgemäß nicht die Schlechtesten. ‹

(Automobilbranche)

› Im Rahmen unserer Kostensenkungsprogramme mussten Leute gehen. Da nimmt man nicht automatisch die Schlechtesten, sondern die Teuersten – klar, man will ja auch ordentlich einsparen. Das sind dann Leute im mittleren und oberen Management, die schon seit Ewigkeiten dabei sind und viel Erfahrung haben. Ich kann mir selber überlegen, ob ich nicht auch bald an der Reihe bin … ‹

(Banken & Versicherungen)

› Der Konzern hatte ein Problem mit seinem Personalstand, wir durften nicht so viele Leute haben. Da aber irgendjemand die anfallende Arbeit machen musste, wurden Leute, die gerade erst entlassen worden waren, auf freiberuflicher Basis wieder unter Vertrag genommen. Die Kosten dafür wurden auf Budgets gepackt, in die kein Mensch reinguckt. Plötzlich gab es kein Problem mit den Personalzahlen mehr. Dass uns diese Leute mehr kosteten als vorher, war egal – Hauptsache, sie verschwanden aus den Personalstandslisten. ‹

(Medien)

Dem Anlass entsprechend trägt Christine ein einfaches, schwarzes Kostüm. Dezent geschminkt und mit einer schlichten Perlenkette als einzigem Schmuck, dominiert sie von der Bühne herab den Raum. Neben ihr verblassen Beraterfuzzis und CEO – die einen gelackt und mit sorgsam gefalteten Einstecktüchern im Nadelstreif von der Stange, der andere im abgetragenen Dreiteiler. Während unser Chef nervös in irgendwelchen Unterlagen blättert, versucht sich der Boss der Consulter in schlecht gespielter Kumpelhaftigkeit, die jedoch an Christines professionell-unverbindlichem Lächeln wirkungslos abprallt.

Der Soundtrack zur Mitarbeiterversammlung, normalerweise eine Komposition aus Lachen, lauten Begrüßungen, kräftigem Schulterklopfen und gespanntem Gemurmel, ist heute trotz der ungewöhnlich großen Zahl an Anwesenden kaum zu hören. Selbst die üblichen Speichellecker und Vortänzer ganz vorne in den ersten Reihen sind auffallend still. Offensichtlich ist man nicht nur oben auf der Bühne nervös.

Plötzlich werden die Lichter im Saal gedimmt und – Nein, bitte nicht! – die kitschig-dramatische Titelmelodie aus »Fluch der Karibik« erklingt. Au Backe, das wird bitterer als gedacht! Wenn der Konzern einen auf große Show macht, dann geht das in aller Regel fürchterlich schief und bedeutet auch definitiv nichts Gutes für das Nachfolgende. Als Überbringerin potenziell katastrophaler Nachrichten ist Christine ohnehin nicht zu beneiden, doch das hier dürfte folterähnlich werden. Wie diese kleine, blonde Frau dabei Haltung bewahrt, nötigt mir Bewunderung ab. Memo an mich selbst: »Kopieren!«

Spots an! Zuerst sprechen der CEO und der Oberconsulter zu den »werten Kollegen«. Platitüden und Appelle an »unsere Wertegemeinschaft«, ganz offensichtlich hastig aus einem Managementratgeber des letzten Jahrhunderts zusammenkopiert. Ich schalte ab und versuche lieber mit Christine Blickkontakt aufzunehmen. Doch obgleich ich rund fünf Zentimeter größer bin als der große kleine Korse Napoleon, sieht sie im Halbdunkel beständig über mich hinweg. In solchen Momenten verfluche ich die südländischen Zwergwuchsgene meiner Vorfahren. Das Leben ist ungerecht, selbst »Der-Arbeitgeber-hat-uns-betrogen!«-Manfred, zwei Reihen hinter mir, ist einen Kopf größer als ich. Wie werden er und seine Genossen auf das reagieren, was uns heute serviert wird?

Endlich ist es an Christine zu sprechen. Sie beginnt ruhig, sachlich und mit der Mutter aller Platitüden, die sie – zugegebenermaßen – geschliffener als die meisten zu formulieren weiß: »Nichts ist zu gering und zu unbedeutend, als dass es nicht einen Beitrag zu unserem großen Ziel liefern könnte. Die Hauptmaßnahmen wurden ja eben erläutert, nun ist es an uns allen mitzuhelfen!« Oh, habe ich da etwas versäumt? Egal, man wird mich schon rechtzeitig informieren, sollten »die Hauptmaßnahmen« wirklich wichtig sein. Nachdem sie den ersten Bullshit-Bingo Punkt bravourös abgehakt hat, fährt Christine mit einem fast unmerklichen Zittern in der Stimme fort: »In diesem Geiste wurden folgende Sofortmaßnahmen beschlossen:

Erstens: Ab sofort werden die Kosten für Kaffeetabs nicht mehr übernommen. Sollten Sie Kaffee trinken wollen, haben Sie die Möglichkeit, Tabs in der Kantine käuflich zu erwerben.«

Wie sprach der alte Geheimrat Goethe: »Die Botschaft hör ich wohl, allein mir fehlt der Glaube.« Sparen beim Kaffee? Wirklich? DAS fiel ihnen als erste Kostenbremse ein?

»Zweitens: Die Tankkarten für Dienstwagen werden eingesammelt und durch Benzingutscheine ersetzt, welche gegen Vorlage eines Dienstreisebedarfsnachweises im Vorstandsbüro erhältlich sind.«

Christines Beamtendeutsch ist makellos, ihre beamtische Einsparungsliste aber echt das Letzte! Wo ist die Frau hin, die ich eben noch respektierte? Memo an mich selbst: »Niemand wird hier kopiert!«

»Drittens: Um die Kosten für die Grünpflanzenpflege zu minimieren, werden in den nächsten Tagen alle Pflanzen bis auf eine Gemeinschaftspalme pro Großraumbüro abtransportiert.« ›Gemeinschaftspalme‹ – so ein Wort muss einem erst einmal einfallen. Wer denkt sich so was aus?

Viertens: Die Taskforce hat beschlossen, alle Stockwerksdrucker einzusparen. Selbstverständlich können weiterhin die Drucker im Bedarfsraum im Erdgeschoss genutzt werden. Die Anzahl gedruckter Seiten pro Mitarbeiter und Woche wird auf zehn limitiert!«

Wohin man auch schaut – blankes Unverständnis in jedem Gesicht. Mit »Raue See« hat der Kulturgeier seinen Traum verwirklicht und doch noch einen Kernwert gefunden, der uns alle verbindet: Ob dieser Darbietung deiner Führung sollst du nur noch ungläubig den Kopf schütteln!

Christine kommt zum Abschluss: »Leider sehen wir uns auch gezwungen, die Zurverfügungstellung von Toilettenpapier einzuschränken. Aber keine Angst – es ist noch genug für alle da!« Falls das eine Pointe gewesen sein soll – sie floppt. Niemand lacht.

Kaffeetabs? Drucker? Rationiertes Klopapier? Wollen die mich verarschen? Die Zentrale schickt Spitzenconsulter und eine Sonderbeauftragte, um uns DAS mitzuteilen? In unserem Konzern läuft offensichtlich vieles schief, aber geht es uns wirklich schon so schlecht, dass wir Toilettenpapier zählen müssen? Ist das das Resultat sündhaft teurer Berateranalysen? Sind die komplett verrückt geworden? Es ist und bleibt eine Woche, die zum Kotzen ist.

› Aus Kostengründen wurde entschieden, unseren Empfang morgens erst ab 8.30 Uhr zu besetzen. Dummerweise reisen bei uns regelmäßig Kunden mit einem Zug an, der vor 8.00 Uhr eintrifft. Die standen nun plötzlich vor verschlossenen Türen. Jenen Kunden, die ab 8.00 Uhr mit dem Wagen kommen, öffnete leider niemand den Zugang zur Tiefgarage. Zig Autos hinter sich, mussten die aus der Einfahrt wieder rückwärts herausrangieren, um nicht Mitarbeitern anderer Firmen den Weg zu versperren. Nach mehreren sehr emotionalen Petitionen unsererseits wurde der Empfang dann doch wieder früher besetzt. ‹

(IT-Branche)

Kostenoptimierung, Teil 3

› Unsere Finanzinvestoren entschieden, dass wir 20 Prozent Personal abbauen mussten. Auf Basis irgendwelcher »Benchmarks« wurde ein »Restrukturierungsvorschlag« mit teils absurden Folgen umgesetzt: Wenn Kunden wegen gewisser technischer Probleme anriefen, trauten sich die Mitarbeiter nicht, das Telefon abzuheben. Sie wussten, dass sie zu keinem Experten weiterverbinden konnten, da ganze Schichten an Technikern »eingespart« worden waren. Also hoben sie lieber erst gar nicht ab. ‹

(Telekommunikation)

› Die Bürodrucker wurden abgeschafft und die Leute von der Hauspost entlassen. Wenn ich jetzt einen Brief ausdrucke, muss ich zu einem Drucker gehen, der irgendwo »an zentraler Stelle« steht. Dann muss ich an einem anderen Eck das Kuvert holen, es frankieren und alles zusammen wieder woanders bei der Poststelle abgeben. Für einen einzigen Brief bin ich auf diese Weise gut 10 Minuten unterwegs, und das oft mehrmals am Tag!
Diese Zeit fehlt mir bei meiner eigentlichen Arbeit. Ich merke, wie ich beginne ungenauer zu werden. Ich recherchiere manches nicht mehr und vereinfache vieles. ‹

(Banken & Versicherungen)

› Bei der ersten Sparwelle prüfte unser CEO eigenhändig sämtliche Reiseanträge.

(Internetbranche)

› Man meinte, durch eine zentrale, europaweite Beschaffung der Büroartikel ungeheure Kostenvorteile erzielen zu können. In London wurde ein Großhändler gefunden und für alle Standorte eine einheitliche »Einkaufslösung« im Intranet eingeführt. Wenn ich nun einen Schnellhefter brauche, muss ich zuerst ein 30 Minuten langes Online-Training für die »Einkaufslösung« machen. Dann kann ich mir im 25.000 Artikel umfassenden Sortiment einen Schnellhefter aussuchen, den ich im 25er Pack bestellen muss – das ist die kleinste verfügbare Einheit. Der Hefter wird in Deutschland produziert, von hier nach Großbritannien geliefert, dort zwischengelagert und dann wieder zu mir zurückgeschickt. Ich habe jetzt 25 Schnellhefter, die alle quer durch Europa reisten. ‹

(IT-Branche)

› Ich finde, gegen sinnlose Entscheidungen musst du dich wehren, sonst drehst du durch. Aus Kostengründen dürfen wir beispielsweise keine Weihnachtspartys mehr haben. Doch ich finde die fürs Klima im Team so unerlässlich, dass ich die trotzdem organisiere und die Kosten unter »Sonstiges« abrechne. ‹

(Tourismus)

› In der »guten alten Zeit« – vor dem letzten Kostenoptimierungsprojekt – gab es bei Besprechungen beliebig viele Getränke. Seit dem Kostenprojekt wird nur noch eine exakt abgezählte Zahl von Cola- und Wasserflaschen zugeteilt. Bei einem Meeting an einem heißen Sommernachmittag waren die abgezählten Wasserflaschen schnell verbraucht. Cola wollte keiner. Also taten sich mehrere Kollegen zusammen, fuhren – statt zu diskutieren – zum Großmarkt und brachten auf eigene Rechnung Wasserkästen zurück ins Büro. ‹

(IT-Branche)

In seltener bereichsübergreifender Fassungslosigkeit starren die Silokaiser nach vorne: Dr. Who und seine IT-Kumpanen, die Einkaufsabteilung, ein paar Controller (und selbst die sehen nicht glücklich aus). Christine gibt von der Bühne noch die üblichen Durchhalteparolen aus, ihre Motivation ist akzeptabel gespielt: »Gemeinsam schaffen wir das, davon bin ich felsenfest überzeugt!« Merke: Wenn die Zentrale »felsenfest überzeugt« ist, dann hat das in etwa dieselbe Aussagekraft, wie wenn ein Spitzenpolitiker einem Kollegen »vollstes Vertrauen« ausspricht: Alles Nebelkerzen! Dann wird es Zeit, sich ernsthaft Sorgen zu machen. Und Leute, deren Firma nicht einmal mehr für den täglichen Kaffee sorgen kann, die machen sich Sorgen. Die brauchen mehr als ein paar aufmunternde Worte. Die brauchen ... Kaffee!

Natürlich! Die Menschen in diesem Saal wollen vor allem eines: Ihre berufliche Normalität zurück! Sie wollen keine Krise, keine Berater und keine »Programme«. Die allermeisten sind Konzernbeamte, Gewohnheitstiere, das Unbekannte ängstigt sie. Das Altvertraute, und sei es auch noch so unangenehm, wird dem Neuen, Ungewohnten allemal vorgezogen. Sie wollen einfach nur, dass es wieder so wird, wie es gestern noch war. Klar, auch gestern gab es Probleme und Druck und missliebige Chefs und all den Mist; doch es gab auch Kaffee und Klopapier, so viel und so oft man wollte! Kaffee ist Normalität und Normalität ist gut! Sie wollen Kaffee und sie werden Kaffee bekommen. Und Grünpflanzen und Klopapier und Drucker, zu denen man nicht kilometerweit gehen muss.

»Operation Kronprinz« geht in die nächste Runde: Wenn ich dafür sorge, dass diese Selbstverständlichkeiten zumindest in meinem Bereich erhalten bleiben, dann bin ich im Handumdrehen der beliebteste Chef im Hause. Manchmal sind die Dinge so einfach.

Und wir reden ja nicht von Millionenbeträgen. Die paar Heißgetränke und Topfpflanzen werden sich schon irgendwie finanzieren lassen. Und sei es wieder einmal über unsere Zulieferer. Als es das letzte Mal »budgetär enger« wurde, »baten« wir die größten zu uns. In einem kurzen, doch intensiven »Gespräch« erläuterten wir unsere »missliche« Lage und »luden sie ein«, uns bei der »Lösungsfindung« behilflich zu sein. Zwei Lieferanten verstanden sofort und senkten noch am selben Tag ihre Preise. Nur der Dritte weigerte sich dummerweise und beliefert uns seither leider nicht mehr.

Weiterdrücken

› Ich versuchte, den Kostendruck an Dienstleister weiterzugeben. Ich war ganz offen: »Wir müssen sparen und geben dir die Chance, etwas mit uns zu machen. Wenn du da nicht mitkannst, verstehen wir das, müssen uns aber leider jemanden anders suchen.« Wir versuchten nicht, Preise zu diktieren, sondern fragten einfach: »Bekommen wir das hin?« Und bei »Nein« gingen wir zu jemand anderem. ‹

(Medien)

› Die Firma, die bislang den Transport unserer Autos übernahm, kam regelmäßig mit neuen Transportern. Da dachte sich der eine oder andere bei uns anscheinend: »Denen geht es wohl zu gut. Die verdienen zu viel!« Also vergab man die Transportaufträge an einen billigeren Anbieter. Wenn der jetzt mit seinen uralten »Krücken« von Transportern kommt, brauchen wir pro Auto zehn Minuten länger zum Vertäuen. Zudem können seine Transporter nicht so viele Autos wie bisher fassen und passen auch nicht an unsere Verladerampen. Da wird komplett am falschen Ende gespart! ‹

(Automobilbranche)

Durch seine schreckliche Nerdbrille sieht mich Dr. Who fragend an: »Ihre Augen glänzen ja. Finden Sie das hier etwa gut?« Am liebsten würde ich laut »Ja, klar!« schreien, »Das ist doch eine Riesenchance, Gutpunkte bei unseren Leuten zu sammeln, sehen Sie das nicht?« Doch ein IT-Gehirn, das allenfalls in Nullen und Einsen denkt, vermag solchen Überlegungen nicht zu folgen. Dass mehr Espressi zur Beruhigung der Belegschaft beitragen, ist ihm nicht vermittelbar. Also belasse ich es bei einem väterlichen Schulterklopfen »Christine-Style« und schleiche mich aus dem Auditorium. Hinter mir dröhnt Vangelis' »Conquest of Paradise« aus den Lautsprechern. Im dazugehörigen Kinofilm eroberte Gerard Depardieu einst als Christoph Columbus einen neuen Erdteil. Bei uns verkommt der heroische Soundtrack zur Begleitmusik beim Klorollenzählen ...

17.30 Uhr,
Irgendetwas ist hier faul

Die Grundidee ist gut: Der Konzern wählt eine Gruppe qualifizierter Nachwuchskräfte aus und prüft sie im Rahmen eines »High-Potential-Programms« auf Herz und Nieren. So findet man nicht nur künftige Führungskräfte, sondern härtet diese im Hinblick auf kommende Aufgaben auch gleich präventiv ab. Die meisten dieser Programme bringen die Teilnehmer gezielt an ihre Grenzen: Konfliktgeladene Aufgaben, unzureichende Budgets, massiver Druck von allen Seiten sowie in schöner Regelmäßigkeit Nachtarbeit. Vor vielen, vielen Jahren habe ich selbst so etwas durchlaufen und es geliebt! Doch für Weicheier war das definitiv keine gute Zeit.

Bei uns läuft gerade wieder so ein Programm. Den beiden, die dabei am besten abschneiden, winkt eine Tätigkeit im Vorhof der Macht, als Assistent eines Vorstands. Der scharfe Wettbewerb unter den Teilnehmern soll motivieren: Am (eigenen) lebenden Objekt lernen sie, dass nur Leistung, Disziplin und Durchhaltevermögen zum Erfolg führen. Entsprechend engagiert gehen die Jungstars die Sache an.

Unglücklicherweise haben die Verantwortlichen kaum einen Gedanken an jene Teilnehmer verschwendet, die nicht auf den vordersten Plätzen landen. Diese Leute, genauso ehrgeizig wie ihre erfolgreicheren Kollegen, werden über Wochen und Monate darin bestärkt, als »High Potentials« etwas ganz Besonderes zu sein. Wenn die »Medium Potentials« jedoch realisieren, dass sie nicht Top sind, ist ihre Fallhöhe beträchtlich – im höchsten Maße demotiviert kündigen sie. Offenbar schmiss in den letzten Wochen ein Teilnehmer nach dem anderen hin. Die extreme Fluktuation wertvoller »High Potentials« rief schließlich sogar den Vorstand auf den Plan und dieser mich zu Hilfe.

› Man hat sehr viel für diesen Konzern getan! Man hat gegen alle Widerstände gekämpft und viele Peitschenhiebe bekommen! Man ist erfolgreich und stellt dennoch irgendwann fest: Das ist völlig egal! Andere steigen auf. Leute, bei denen nicht klar ist, was die eigentlich nach oben gebracht hat. Und man fragt sich: »Du kämpfst hier gegen Windmühlen. Willst du das noch?« ‹

(Handel)

Fluktuation

› Die guten Leute kündigen, die Ladenhüter bleiben. ‹ (Handel)

Die Bitte war von unserem CEO persönlich an mich herangetragen worden: Ob ich mich nicht mit einem dieser hoffnungsvollen Talente treffen könne? Ich solle mir doch bitte Zeit nehmen, ihm anhand meiner Arbeit zu zeigen, was man bei uns wie gestalten könne und ihn dadurch wieder motivieren. Natürlich fühlte ich mich geehrt, und: Die Großer-Mentor-Paul-Hecht-Maske hat mir schon immer wie angegossen gepasst!
Für einen Mentor aus Leidenschaft wie mich ist solch ein Termin – selbst wenn er mitten in eine turbulente Arbeitswoche platzt – daher keinesfalls lästige Pflicht, sondern Verpflichtung: Ein sinnvolles Instrument, um aufstrebende Stützen des Konzerns so behutsam wie nachhaltig auf den richtigen Karrierepfad zu geleiten. In solchen Fällen gilt es, die unsichtbare Führungsleine besonders locker zu lassen, die Richtung nach oben allenfalls vorsichtig anzudeuten und damit dem Zögling das Gefühl zu vermitteln, er hätte sich ja eigentlich ganz alleine und erfolgreich durchs Konzernlabyrinth orientiert.

Wenn mich der Jüngling dazu auch noch als verständnisvollen Chef kennenlernt, ist das auch kein Nachteil. Ich werde mich ja von Frau Kniester trennen und muss adäquaten Ersatz finden. Und je offensiver ich unsere Arbeit intern vermarkte, umso zahlreicher werden später fähige Bewerber vom Himmel regnen ...

Der Mentor

› Als ich vor über 25 Jahren anfing, gab es das alles noch nicht: Traineeprogramme, High Potentials, Mentoren. Da wurde man einfach irgendeinem alten Hasen zugeteilt, der arbeitete einen ein und nach Dienstschluss ging man zusammen ein Bier trinken, wo man dann über die wirklich wichtigen Dinge sprach. ‹

(Banken & Versicherungen)

› Sobald man in die Firma kam, bekam man einen Paten. Der sorgte auch gleich dafür, dass mein Arbeitsplatz, PC, Telefon, ... alles vorhanden war. Typisch Großfirma, alles gut geregelt! ‹

(Automobilbranche)

› Standardmäßig wurde mir ein Karrierementor zugeteilt. Der Typ saß in einer anderen Stadt, weswegen ich den in meinen fünf Jahren dort kein einziges Mal persönlich getroffen habe! Alle drei, vier Monate rief er an und klang dann immer sehr freundschaftlich und innig. Doch von mir kam nichts zurück. Ich öffne mich doch nicht einem Menschen, den ich noch nie in meinem Leben getroffen habe, der mich überhaupt nicht kennt. ‹

(Beratungskonzern)

› Gleich beim allerersten Kennenlerntermin eröffnete mir mein Mentor, dass er sich leider nicht in aller Ausführlichkeit um mich kümmern könne. Da eines meiner Ziele der Nachweis von »Seniorität im Umgang mit Kunden« war, bat ich ihn dennoch diesbezüglich um Tipps. Er gab mir allen Ernstes die Antwort, ich solle mir doch die Haare grau färben, denn das mache mich auf einen Schlag um zehn Jahre älter und viel seniorer. ‹

(IT-Branche)

› Diese Mentorengespräche brachten mir in all meinen Berufsjahren nie etwas! Für Berufseinsteiger, die ihre Stärken und Schwächen noch nicht genau kennen und noch nicht wissen, wohin sie eigentlich wollen, mögen die ja sinnvoll sein. Aber was will so ein Mentor jemandem wie mir, der ich um die 20 Jahre Berufserfahrung habe, noch groß an weisen Ratschlägen geben? ‹

(IT-Branche)

› Ich landete mit meinem Mentor vor dem Arbeitsgericht. Er wollte andauernd, dass ich in seinen Meetings die Protokolle schrieb. Doch ich fand das blöd, weil ich genauso Führungskraft war wie er auch. Wir hatten wohl beide zu viele Alpha-Gene im Blut … ‹

(Medien)

Der großgewachsene Mann, der da erstaunlich selbstbewusst mein Büro betritt, ist erheblich älter als ich es erwartet hatte. So Mitte Dreißig, schätze ich. Und er trägt einen Maßanzug, nicht billig! Der erste Ärmelknopf geöffnet. Es ehrt mich, dass er sich so in Schale geschmissen hat. Es wundert mich aber zugleich, dass eine Nachwuchskraft über derartige finanzielle Möglichkeiten verfügt. Da dürfte die Personalabteilung bei den Gehaltsverhandlungen ordentlich geschlampt haben – hätte man mich rangelassen, dann säße der jetzt bestenfalls im Boss-Anzug von der Stange hier!

»High Potential« hin oder her, wie alle meine Besucher ist auch er gegen die Maria-Magie machtlos. Innerhalb kürzester Zeit bittet er sie bereits um den dritten Kaffee und will – kaum, dass Maria den Raum wieder verlassen hat – alles über sie wissen: Wo sie herkomme, wie lange sie schon bei mir sei, ob sie zuverlässig sei, welche Aufgaben ich ihr übertrage, und (vertrauensvoll geflüstert) ob sie einen Freund habe. Es fällt überhaupt auf, dass der Typ wesentlich mehr Fragen stellt, als er beantwortet. Ihn interessiert scheinbar alles: Erfolgsfaktoren, Aufstiegsmöglichkeiten, Führungsstile anderer Bereichsleiter, unser Vorstand und unser Landes-CEO. Jedes Mal, wenn ich versuche, mehr über ihn und seine Pläne zu erfahren, antwortet er nur oberflächlich und mit einer Gegenfrage: »Warum sind Sie bei uns eingestiegen?« Antwort: »Mich reizten die Entwicklungsmöglichkeiten.« Und die Gegenfrage: »Auf was muss man achten, wenn man in Ihrer Position bestehen will?« Und so weiter. Soll mir auch recht sein, dann erzähle halt ich und er hört interessiert zu.

Kurzes Resümee nach 30 Minuten »Mentorengespräch«:

Teil A, Dinge, die ich inzwischen weiß:

1. Mein Besucher heißt Julian.
2. Er ist erst seit einem Monat bei uns. Zu kurz, um ein »High Potential Programm« durchlaufen zu haben.
3. Er hat Berufserfahrung. Was genau, bleibt nebulös.

Teil B, Dinge, die unklar sind, die ich aber gerne wüsste:

1. Warum sollte ein so erfahrener Kollege überhaupt an einem Nachwuchsprogramm teilnehmen?
2. Der sucht keinen Mentor. Wozu dann dieses Meeting?
3. Irgendetwas ist hier faul! Aber was?

Fazit: Die »Sensoren« schlagen aus, mein Bauchgefühl ruft »Vorsicht!« Die Ursache dafür kann ich jedoch nicht greifen.

Bauchgefühl

› Ich war schon immer ein Bauchmensch. Ich kann mich schnell für eine Richtung entscheiden und lasse erst dann mein Team die entsprechenden Zahlen und Fakten überprüfen. Meistens geben sie mir Recht! Ich weiß, andere machen das umgekehrt: Die jagen ihre Leute durch Abertausende von Zahlen und Excel-Tabellen und bilden sich erst danach eine Meinung. Ich fand das immer irgendwie schwach, eines Managers unwürdig. Wofür holten die mich, wenn nicht wegen meiner Erfahrung und meinem Wissen? Excel-Tabellen auslesen kann bald mal jemand anderes … ‹

(Telekommunikation)

Trotz seiner Verschlossenheit ist Julian nicht unsympathisch. Als ich nach einer Stunde demonstrativ auf die Uhr blicke, reagiert er sofort, erhebt sich, wünscht mir noch einen schönen Abend und verlässt mein Büro so selbstsicheren Schrittes, wie er es betrat. Ich bleibe sitzen. Die Zeit vergeht. Irgendwann gehen tief unten die Straßenlaternen an. Verdammte Unruhe, so kenne ich mich gar nicht! Was auch immer an dieser Julian-Geschichte nicht stimmt, eigentlich kann es mir doch völlig egal sein: Weder gehört er zu meinem Bereich, noch muss ich sein Gehalt bezahlen und überdies scheint er guten Ratschlägen gegenüber aufgeschlossen zu sein. Alles gut! Und doch ... Ich lösche das künstliche Sonnenlicht auf meinem Schreibtisch, schließe sorgfältig ab und mache mich über die dunkle Vorstandsetage auf den Heimweg.

welcome

Donnerstag, ganztägiges Seminar

11.00 Uhr,
Good Boss – Bad Boss

Wenn man von einem renommierten Konferenzveranstalter gebeten wird, das prestigeträchtige Eröffnungsreferat zum großen Jahrestreffen der Wirtschaftselite zu halten, dann überlegt man nicht lange und sagt dankend zu. So ein Vortrag ist wie eine unsichtbare Visitenkarte, die man seiner illustren Zuhörerschaft entgegenstreckt: Seht her, was ich alles draufhabe! Wer weiß, wofür das eines Tages noch mal gut ist …

Böswillige Neider raunen, ich sei nur gefragt worden, weil unser Konzern in diesem Jahr als Hauptsponsor auftritt. Falsch! Denn man bat mich nicht nur die Konferenz zu eröffnen, ich werde später auch noch an einer Panel-Runde teilnehmen, ein Vertiefungsseminar leiten und als Experte für Hintergrundgespräche zur Verfügung stehen. Das geht weit über das übliche »Sponsoren-Package« hinaus. Hier will jemand sicherstellen, dass die zahlreichen anwesenden Topmanager in aller Ausführlichkeit zu hören bekommen, was ICH ihnen zu sagen habe!

Der Titel meines Impulsreferats, »Good Boss – Bad Boss«, klingt gut, schafft Aufmerksamkeit und eröffnet unserem rehäugigen Neuzugang Jennifer M. weitestgehende Gestaltungsfreiheiten. Ihr Auftrag lautete: Du hast fünf Tage, um mir den perfekten Eröffnungsvortrag zu bauen! Darüber hinaus ließ ich ihr – ganz der »Good Boss« – inhaltlich und stilistisch völlig freie Hand, Hauptsache, es wird sehr, sehr gut. Ein hundertprozentiger Vertrauensvorschuss für ihr »Bewährungsprojekt«: Wird »Good Boss – Bad Boss« heute ein Erfolg, dann kann sich das Fräulein über einen sicheren Stammplatz in meinem Führungsteam freuen. Wenn nicht: »Au revoir, ma belle!«

Fachkräfte

› Ein Vorteil von Konzernen liegt darin, dass die sich den Luxus leisten können, auch mal ein paar Leute abzustellen, um gewisse Dinge in Ruhe und gründlich durchzudenken. ‹ (Industrie)

› Mir gefällt, dass man sich für jede Aufgabe einen echten Profi holen kann. Leute, denen auf ihrem Fachgebiet niemand etwas vormachen kann. Die wissen alles darüber. Echt toll, was da rauskommt, wenn die sich einer Sache annehmen! ‹ (IT-Branche)

› Es darf nicht passieren, dass ein Chef seine Mitarbeiter den ganzen Tag PowerPoint-Folien zeichnen lässt und dann einfach alles wegwirft. So etwas geht nicht! ‹ (Banken & Versicherungen)

› Wir haben Mitarbeiter, die können innerhalb einer Sekunde für 50 Millionen Euro Wertpapiere kaufen. Anders kannst du dieses Geschäft auch nicht betreiben, die Verantwortung muss massiv nach unten delegiert werden! Erst mal eine Sitzung anberaumen, besprechen, dass da einer etwas kaufen will und dann darüber mit dem Chef verhandeln – das dauert viel zu lange! Also wird Verantwortung delegiert! ‹ (Banken & Versicherungen)

Als Hauptsponsor der Konferenz haben wir auch die Ehre, den Veranstaltungsort zu stellen. Maria hat die Dekoration des großen Auditoriums übernommen und dabei dankenswerterweise auf allzu große Peinlichkeiten wie Kitsch aus ihrer Heimat oder die Beschallung mit »Conquest of Paradise« verzichtet. Über Nacht wurde die Halle zum repräsentativen Konferenzzentrum:

Gedeckte Farben dominieren, die Arbeitsplätze jener Bemitleidenswerten, die in der »Rauen See« versanken, mutierten zu passablen Buffettischen und geschickt arrangierte Trennwände umgeben kleine Rückzugsräume für Besprechungen und Working Sessions. Als augenzwinkernder Verweis auf die grässliche Veranstaltung von gestern stehen überall Unmengen von Zimmerpflanzen herum, die ich noch schnell besorgen ließ. Süße, grüne Rache. Unsere Pflanzen werden sie uns nicht nehmen! Zusammen mit den beiden riesigen Nespresso-Kaffeemaschinen, vor denen sich die Konferenzteilnehmer sammeln, werden die Yucca-Palmen nach der Konferenz flugs nach oben in unseren Bereich wandern. Operation »Kaffeepalmen fürs Volk!« ist angelaufen!

Menschen wie ich, deren berufliches Leben sich an der Konzernspitze, in der unternehmerischen Todeszone, abspielt, suchen permanent die Herausforderung. Selbst in den kleinsten und unwesentlichsten Dingen. Deswegen habe ich bis kurz vor meinem Auftritt gewartet, um Fräulein M.'s Unterlagen zu meinem Vortrag zum ersten Mal durchzublättern – das gibt mir genau den Kick, den ich für eine erfolgreiche Präsentation brauche. Und siehe da, das gute Fräulein hat ganze Arbeit geleistet!

Der Kernthese, Erfolg korreliere unmittelbar mit der Qualität des Chefs, kann ich von ganzem Herzen zustimmen. Der »Good Boss«, so Miss M., schaffe es, seine Leute selbst in schwierigen Zeiten zu Höchstleistungen zu motivieren. Der »Bad Boss« hingegen vernichte Wert, indem er Ressourcen verschleiße, ohne Erfolge zu produzieren. Gleich auf Seite zwei folgt ihre Definition eines »Good Boss«, die – wahrscheinlich unbewusst – mich beschreibt: »Good Boss = Fördern, Fordern & Vertrauen.«

Alles soweit stimmig. Ich betrete die Bühne und beginne mit der Show.

› Ich arbeite hier wegen des obersten Chefs. Das hört sich total blöd an, weil ich überhaupt nicht auf diese Art von »Heiligenverehrung« stehe. Aber er gibt mir einfach ein gutes Gefühl. ‹

(Medien)

Good Boss, Teil 2

› Unser Geschäftsführer stellte seine Teams so lange um, bis am Ende jeder mit jedem arbeiten konnte. Der wusste genau, was er wollte und zog das durch. Und er wusste, dass Veränderungen zwar Zeit brauchen, aber auch nicht zu lange dauern dürfen. So setzte er die Dinge, die er sich in den Kopf gesetzt hatte, auch wirklich um. ‹

(Medien)

› Es gab da diesen Projektleiter, der kam aus dem Controlling und nicht aus der Technik wie alle anderen. Dieser Finanzer stellte sich vor sein Team und verkündete: »Den Business Case für dieses Projekt mache ich selber, denn ich weiß am besten, wie unser Finanzsystem tickt. Aber beim Technischen kenne ich mich nicht aus, dafür brauche ich euch, gute Leute.« Über die gesamte Laufzeit stand dessen Projekt zahlenmäßig super da. Der kannte alle Tricks. Und zugleich mischte er sich bewusst nicht in die Technik ein, sondern vertraute seinen Leuten. Eine gute Kombination! ‹

(Automobilbranche)

Da ich die Inhalte meines Vortrags praktisch »live« und zeitgleich mit meinem Publikum erfahre, ist meine Überraschung über die nächste Folie nicht gespielt: Die Hälfte der Mitarbeiter in Großunternehmen hat schon einmal wegen eines Vorgesetzten gekündigt! Und weitere 20 Prozent spielen ernsthaft mit dem Gedanken. Erschreckend! Der Amerikaner sagt dazu: »I joined because of the company. I left because of the boss.« Ich kam wegen der Firma und ging wegen des Chefs. Ohne lange nachzudenken, füge ich hinzu: »Also bei mir hat meines Wissens noch nie jemand gekündigt. Wenn schon, dann bin ich es, der jemandem den Weg zur Tür weist!« Kräftiger Applaus. Dieses hochkarätige Auditorium und ich, wir wissen, was sich im Auge des Sturms abspielt!

Jennifer untermauert ihre (meine) Thesen nicht nur mit passenden Statistiken, sie bringt auch die Kernaussagen gekonnt auf den Punkt: »Big Boss = Big Ego!« steht fettgedruckt auf der nächsten Folie. Ich hätte es nicht besser formulieren können. In unserem Alltag, der von enormem Druck, Stress und Hektik dominiert wird, sollen die »Götter in Grau« dennoch wie selbstverständlich funktionieren, gelassen mit Millionenbeträgen jonglieren, komplexeste Projekte vorantreiben und Heerscharen von Mitarbeitern rund um den Globus motivieren und leiten. Es kann nur hochgradige Ignoranten verwundern, dass man ein enormes Selbstbewusstsein braucht, um das auszuhalten. Jeder erfolgreiche Topmanager erarbeitet sich mit der Zeit diesen Nimbus von Stärke und Unnahbarkeit. Das geschieht unbewusst und automatisch, zum eigenen Schutz. Und mag davon ablenken, dass die Heroen der Wirtschaft auch nur Menschen sind, mit Macken, Fehlern und Schwächen wie jeder andere, freilich etwas besser bezahlt.

Fehler und Schwächen

› Mein Chef bat mich, doch bitte immer Business Class zu fliegen. Denn ab einem bestimmten Level habe man standesgemäß zu reisen, da dürfe man nicht Economy fliegen. ‹

(IT-Branche)

› Eines sollte man immer im Hinterkopf behalten: Auch Chefs sind im Endeffekt nur ein Rad in einem großen Gefüge. Jeder Chef hat wieder einen Chef. Sie versuchen das nur – so gut es geht – zu verbergen ... ‹

(Medien)

› Er hatte damals gerade eine Erfolgssträhne und verlor komplett die Bodenhaftung. Wir saßen an der Hotelbar und bestellten Tee. Er probierte und probierte und meinte dann zum Barkeeper: »Der hat zu lange gezogen! Einen neuen!« Der neue Tee kam, er probierte wieder und war wieder nicht zufrieden: Zu heiß! Gezählte sieben Mal ließ der die Tees zurückgehen! Keiner war gut genug für ihn! ‹

(Medien)

› Wir ließen aufwendig analysieren, ob wir einen Sportstar als Testimonial in unsere Werbung nehmen sollten. Das Ergebnis war eindeutig: Nein! Zu teuer und es bringt nichts!
Unserem CEO war das völlig egal. Alles, was der wollte, war, im Gefolge dieses Stars selber auf die roten Teppiche zu kommen und am High-Society-Parkett aufzutanzen. Ob das werbetechnisch sinnvoll war, kümmerte den überhaupt nicht. Und so mussten wir entgegen aller Vernunft für teures Geld einen Superstar engagieren. ‹

(Handel)

› Unsere Chefs sind darauf gedrillt, hoch kompetitiv zu sein. Als Rahmenprogramm für ein Teamevent wurde ein Spaßrennen organisiert: Mit großen Tretrollern ging es eine Bergstraße hinunter. Alle machten mit, kämpften und kamen gut unten an. Nur die beiden Oberchefs krachten fürchterlich zusammen – der eine brach sich zwei Rippen und der andere musste mit einer Gehirnerschütterung ins Krankenhaus. Zwei erwachsene Männer, Topmanager, verletzten sich mit Kinderrollern schwer! ‹

(Internetbranche)

› Die Türen standen eigentlich immer offen. Doch gelegentlich kam es vor, dass ein Geschäftsführer ins Büro eines anderen Geschäftsführers ging und die Tür hinter sich zumachte. Dann brüllten sich die beiden an, dass man das durch die geschlossene Tür hören konnte! Hinterher hieß es, man hätte »eine gute emotionale Diskussion« gehabt. ‹

(Beratungskonzern)

› Der hatte vollkommene Ausraster. Eines Tages stand er in der Früh auf seinem Schreibtisch und begrüßte sein Team mit den Worten: »Ich bin der Messias, werft euch mir zu Füßen!« ‹

(Beratungskonzern)

› Ein aufstrebender Abteilungsleiter war hoffnungslos überfordert. Der führte 40 Leute ohne Linie und Struktur. Also beschloss man, einen Teambuilding-Workshop zu machen.
Schlechte Idee! In den zwei Tagen zerfleischten die sich da richtiggehend, jeder gegen jeden und alle zusammen auf den Chef! Am Ende des ersten Tages, als alle bedröppelt dasaßen, fasste der Trainer zusammen: »Wir haben folgendes Problem: Wenn mein Chef eine Flasche ist, was bin dann ich?« Alle nickten und dieser Abteilungsleiter saß einfach nur da und lutschte an seiner Brille. Kurze Zeit später war er weg … ‹

(Automobilbranche)

Auch wenn es uns die Managementliteratur glauben machen mag – den prototypischen »Bad Boss« gibt es nicht. Hinter mir grinst ein riesiger Jack Nicholson mit irrem Blick vom Filmplakat von »Shining«. Mein Publikum lacht. Gut gemacht, Jennifer! Ich fahre fort: »Das Vorbild so vieler Manager, Steve Jobs, der Gründer von Apple, schuf mit seinen Unternehmen unzweifelhaft Großes, dürfte aber in der persönlichen Zusammenarbeit ein eher unangenehmer Mensch gewesen sein. Seine Ausraster jedenfalls waren legendär.« Heftiges Nicken in Reihe vier. Unschwer zu erraten, woher die Kollegen kommen. »Macht das Steve Jobs zum ›Bad Boss‹?«
Inzwischen habe ich blindes Vertrauen in Fräulein M. und halte mich akribisch an ihr Skript. Noch zwei, drei Beispiele hochgelobter Wirtschaftskapitäne, für die man trotz aller Erfolge wahrscheinlich doch lieber nicht arbeiten wollte, und dann ihr Resü-

mee: »Ein ›Bad Boss‹ verliert seine Mitarbeiter, noch bevor sie den Gipfel erreichen können. Er beraubt damit sie – und sein Unternehmen – wertvoller Chancen. Es ist unser Job, das zu verhindern!«

No-Gos

› Eines kann ich überhaupt nicht ab: Wenn jemand cholerisch wird oder ausflippt. Im Büro ist das ein No-Go! ‹

(Internetbranche)

› Ich hatte eine bekannte Werbeagentur eingeladen, Ideen für unsere nächste Marketingkampagne zu präsentieren. Wie üblich hatte eine meiner Mitarbeiterinnen die Agentur vorab gebrieft. Die Agenturleute waren mitten in ihrer Präsentation, als unser Marketingvorstand plötzlich »Stopp!« brüllte. Vor aller Augen wandte der sich an meine Mitarbeiterin und faltete die zusammen: »Solch eine gute Agentur würde niemals mit so einem Mist hier ankommen, hättest du sie nicht vorab völlig falsch gebrieft!« Wie sie es wagen könne, so einen Blödsinn zu verantworten.

Die Agenturleute verstanden nicht, was los war. Die eigene Kollegin so anzugehen, noch dazu öffentlich, das kannten die nicht. Die konsternierte Mitarbeiterin versuchte noch, sich zu verteidigen, doch der Vorstand wischte das einfach weg: »Ich mache das selber!« Die Kollegin musste kurz darauf mit Burnout behandelt werden und stieg danach aus dem Unternehmen aus. ‹

(Medien)

› Einer meiner Chefs kam immer sehr diplomatisch und freundlich rüber. Doch als ich ihn eines Tages wegen meiner lange überfälligen Beförderung ansprach, kritisierte er plötzlich Dinge an mir, die er zuvor noch nie angesprochen hatte. Von einer Minute auf die andere war mein positives Selbstbild zerstört und ich fühlte mich extrem unfair behandelt. Mit einem Schlag wurde mir klar, dass die Karriereperspektiven, mit denen der mich jahrelang motiviert hatte, in Wirklichkeit nie bestanden hatten. ‹

(IT-Branche)

› Nach ein paar Jahren wollte ich etwas anderes tun und beschloss zu kündigen. Als ich das meinem Chef mitteilte, begann der tatsächlich zu schreien: Er akzeptiere das nicht, das sei Verrat, wer nicht für ihn sei, sei wohl gegen ihn! Er werde persönlich dafür sorgen, dass ich nirgendwo anders unterkäme! Noch Jahre später grüßte der mich nicht, wenn wir uns irgendwo trafen. Völlig verrückt! ‹

(Beratungskonzern)

Selbsterkenntnis ist bekanntlich der erste Schritt zur Besserung. So wie der Alkoholiker erst dann auf Heilung hoffen darf, wenn er sich seine Sucht eingesteht, so wird auch ein »Bad Boss« nicht wie durch ein Wunder unvermittelt zum allseits geschätzten Anführer: »Nur wenn ein Chef erkennt und akzeptiert, dass er massiv Scheiße baut« (meine Worte, nicht Jennifers), »kann er – eventuell – damit beginnen, die Dinge zum Guten zu wenden.« Und wieder improvisiere ich: »Doch wie wir alle wissen, sind solch übermenschliche Heilige in den Führungsetagen eher rar!« Sie lachen.

Es wird Zeit, zum Schlusspunkt zu kommen: Wie bekommt man in der Führungsetage mit, dass es im und mit dem Team nicht mehr rund läuft? Mit perfektem Timing erscheint hinter mir das bekannte Bild der drei Affen: Nichts sehen, nichts hören, nichts sagen.

»Ganz oben in der Todeszone hat man in der Regel niemanden mehr, der einem ehrlich ins Gesicht sagt, wie ›bad‹ man schon geworden sei.« Dem Chef die schlechte Nachricht zu überbringen und eventuell dafür zahlen müssen? Kein Manager ist wahnsinnig genug, das zu riskieren! »Die wahrhaft Großen entsinnen sich daher aus eigener Kraft jener Stärken, die sie einst zur Führungskraft gemacht haben. Nur wem das gelingt, der ist und bleibt ein ›Good Boss‹!«

› Je weiter man aufsteigt, umso schwieriger wird es einzuschätzen, was die Leute wirklich über einen denken. ‹
(Medien)

› In jedem Konzern triffst du auf Leute, die nur noch nachplappern, was der Vorgesetzte von sich gibt. ‹
(Tourismus)

› Der Chef wurde massiv hofiert. Wer das nicht tat, der musste bald gehen. ‹
(Banken & Versicherungen)

Die Präsentation schließt mit den großen Worten Präsident Obamas: »Yes, we can!« Passt zwar nicht wirklich, kennt aber jeder und klingt immer wieder eindrucksvoll. Kalendersprüche bekannter Persönlichkeiten gehören einfach als Standardzierde zum Executive-Vortrag dazu, mal von Obama, mal von Gandhi oder von sonst einem Gutmenschen geklaut. Daher lasse ich Miss M. diese kleine, dramatische Übertreibung gerne durchgehen. Sie hat ihre Sache gut gemacht und wird bleiben dürfen!
Heftig beklatscht steige ich von der Bühne und gebe Fräulein Rehauge einen anerkennenden Klaps auf die Schulter. Hat sie sich verdient! Schnell nicke ich mich mit Gönnermiene durchs Auditorium, schiebe meine Bewunderer sanft aber bestimmt zur Seite, richte mich kerzengerade auf und schreite aus der Tür. Schaut her: So geht Abgang!

Ca. 11.45 Uhr,
Ich verdanke meine Karriere einem Schwein

Wieso stimulieren Zusammentreffen mit Christine bei mir diesen Hang zu billigen Metaphern? Sie ist weiß wie der Tod! Ein Gentleman würde es sicher anders ausdrücken, doch Fakt ist: Die sonst so elegante Frau sieht richtig scheiße aus! Leichenblass, rote Augen, keine Frisur. Sie weint nicht, sie heult, und sieht mich dennoch unverwandt an. Wie macht sie das?
Bei einem kurzen Spontanabstecher zur Kantine (Erfolg macht hungrig, ich brauche sofort eine Erdbeertasche!) sah ich sie alleine in der gummibaumgesäumten »VIP-Area« an einem der hässlichen Plastiktische sitzen. Christine war also noch im Haus, eventuell sogar wegen meines Vortrags? Erfreut ging ich auf sie zu, doch als ich die Tränen, die Blässe und die Nichtfrisur bemerkte, war es zum Ignorieren und Umkehren bereits zu spät.
Zum Glück habe ich das großartige Training zum Umgang mit »Emotionen in herausfordernden Situationen« durchlaufen dürfen. So dauert es nicht einmal eine Sekunde, bis ich mich fasse: »Was ist passiert? Kann ich dir helfen?« The gentleman is back! Pause. Ihre Augen sind geschlossen, dann setzt sie leise, hastig, abgehackt an: »Er hat mich ... angegriffen! Das Schwein hat versucht ... mich ... zu vergewaltigen. Mich! ... Verstehst Du?« Ehrlich gesagt: Nein, aber das wird schon!
Erst mal müssen wir weg von hier. Die Konzernkantine ist nicht der ideale Ort, um sexuelle Übergriffe zu besprechen. Eine Frage muss ich aber vorher noch stellen: »Warum erzählst du das mir, Christine?« Auch wenn mir mein Ruf als einfühlsamer Kollege

anscheinend bis in die geheiligten Hallen der Zentrale vorauseilt, so gut kennen wir uns schließlich auch wieder nicht. »Weil ja sonst niemand da ist.« Aua.

Ehrenwerte Gentlemen

› Es fängt schon damit an, dass der Chef einen frauenfeindlichen Witz erzählt. Es gibt dann immer welche, die da lachen, weil sie so etwas lustig finden. ‹

(Internetbranche)

› Ich hatte mich mit einer Kollegin verabredet, die gerade aus Los Angeles kam und in Frankfurt einen Zwischenstopp machte. Am Flughafen gibt es diese Businesshotels, wo man auch stundenweise Zimmer für Besprechungen mieten kann. So eines wollte sie besorgen.
Wir trafen uns in der Lobby des Hotels und begannen, über supergeheime Projekte zu sprechen. Da es mir dort aber bald zu »hellhörig« war, schlug ich vor, dass wir in das Zimmer gehen. Sie zögerte eine ganze Weile – ich musste sie fast bedrängen –, aber schließlich gab sie nach. Als wir dorthin kamen, stellte sich heraus, dass das ihr privates Übernachtungszimmer war: Ihr halboffener Koffer stand am Boden, ihre Klamotten lagen herum, das Bett war nicht gemacht. Sie hatte kein Besprechungszimmer gebucht, sondern eines zum Übernachten. Das war jetzt doppelt peinlich: Erstens, weil sie, ich sei ein Schürzenjäger und wolle etwas von ihr. Und zweitens, weil es so unaufgeräumt war. ‹

(Handel)

› Ein Kollege grub seine Mitarbeiterin an. Er lud sie abends zum Essen ein, um mit ihr »noch ein bisschen über das Projekt zu reden«. So auf die Art: Ich bin dein Vorgesetzter und wir müssen jetzt mal ein bisschen enger werden! Es war ganz klar, dass er sie ins Bett kriegen wollte. Am nächsten Tag erzählte sie mir davon und ich berichtete das natürlich brühwarm weiter. Der musste gehen! ‹

(Medien)

› Die hatten die »tolle« Idee ein finnisch-spanisches Gemeinschaftsunternehmen aufzubauen. Das war von Anfang an zum Scheitern verurteilt! Tatsächlich fing ein hochrangiger Spanier schon bald an, die blonden Finninnen im Büro der Reihe nach zu fragen, ob sie denn nicht am Wochenende »etwas Schönes« mit ihm erleben wollten. Da gab's richtig Krach, mit Eskalation bis zum Vorstand und so. ‹

(Telekommunikation)

Sorgfältig darauf bedacht, Christine ja nicht zu berühren (was sich in dieser Situation wohl von selbst verbietet), steuere ich die emotional aufgewühlte Frau zum Toplift, bugsiere sie in mein Büro, bekomme von einer verdutzten Maria (die zum Glück weiß, wann man besser den Mund hält) eine überdimensionale Kleenex-Schachtel gereicht und werde Zeuge einer ebenso stinknormalen wie unglaublichen Konzerngeschichte:

»Euer Chef und ich, wir haben nach dieser verdammten Veranstaltung zu ›Raue See‹ gestern noch lange weiterdiskutiert.« Wieder Pause. Mir fällt auf, dass ich Christine noch nie fluchen gehört hatte. »Eigentlich war das ein gutes Gespräch, es gab ja so viele Themen! Irgendwann haben wir sogar über dich geredet, Paul.« Ihre Stimme ist ganz leise. Als sie meinen Namen ausspricht, meine ich, ein kurzes Lächeln zu erkennen. Sie haben über mich gesprochen? Die Stärke, die ich in dem Moment aufbringe, nicht sofort nachzuhaken, darf getrost als »übermenschlich« bezeichnet werden. Was haben sie gesagt? War es positiv? Negativ? Ging es um Paris? Um »Raue See«? Der Drang, zu fragen, ist kaum auszuhalten, aber: Ich sage nichts – übermenschlich!

Schnell fährt sie fort: »Als er vorschlug, beim Abendessen weiterzumachen, stimmte ich natürlich zu. Mein Hotel ist ja gleich um die Ecke und so sind wir einfach ins Hotelrestaurant gegangen.« Sie weint wieder, blickt mich dabei aber nach wie vor an. »Scheiße, er bot sogar an, meine Tasche zu tragen, wie ein richtiger Gentleman …« Es scheint, eine Zwei-Personen-Geschichte zu bleiben: Christine und unser Landeschef. Kann es sein, dass der sie …? Nein!

»Irgendwann, so um Mitternacht, war ich hundemüde. Charmant bot er mir noch an, mich zum Lift zu begleiten. Und ich Idiotin habe mich auch noch bedankt!« Sie ballt die Hand zur Faust, ihre Fingerknöchel sind weiß. Präzise Beobachtung ist – neben Einfühlungsvermögen – eine meiner größten Stärken! Christines Vortrag wird immer hastiger: »Ich steige in den Lift, will mich verabschieden. Er drängt sich mit hinein. Ein Herr habe die Dame bis zum Zimmer zu begleiten. So ein Schwachsinn! Ich war so müde. Dachte: O. k., wenn er unbedingt will.« Und ich denke nur: Unser Chef? Der große Kulturvermittler? Der hat Christine …? Ich kann nicht einmal den Gedanken zu Ende denken.

»Vor meiner Zimmertür bleiben wir stehen. Plötzlich grapscht das Schwein an meine Brust. Das Arschloch zerrt an meiner Bluse, wie ein Verrückter reißt er daran herum, die hat jetzt einen Riss! Mit der anderen Hand will er seine Hose aufmachen, am Gang, vor der Türe. Und weißt du, was er gesagt hat?« Ich schüttle den Kopf. Die Szene, die sie da zeichnet, ist so irreal, so unvorstellbar. »Der Herr CEO keucht: ›Ich bin ein Mann für gewisse Stunden! Du willst es doch auch!‹ So billig, so gemein! Ich habe ihn weggedrückt, ganz fest, bin in mein Zimmer gefallen und habe die Sicherungskette vorgemacht. Damit er nicht reinkommt, nie mehr …«

Hand am Knie

› Spät in der Nacht ging ich mit einem Vorstand noch eine wichtige Präsentation für den nächsten Tag durch. Und plötzlich meinte er, er müsse die mit seiner Hand auf meinem Knie besprechen. Ich sagte: »So, ich glaube, wir sind durch«, stand auf und ging. ‹

(Handel)

› Ich war bei meinem Chef im Büro und wir redeten über berufliche Dinge, nichts Außergewöhnliches. Plötzlich teilte er mir aus heiterem Himmel mit, dass er sich in meiner Gegenwart ganz hin- und hergerissen fühle und gar nicht mehr wisse, was er tun solle. Man weiß als Frau nicht wirklich, wie man da reagieren soll. Es war so unangebracht! Außerdem war ich damals gerade mal Ende zwanzig und das überforderte mich natürlich. Also meinte ich: »Ich weiß leider nicht, was ich jetzt sagen soll«, wir wechselten noch zwei, drei Sätze, dann stand ich auf, und ging zurück in mein Büro, meine Arbeit weitermachen.
Und beim nächsten Treffen: Kein Wort darüber! Doch das Thema lag irgendwie immer in der Luft und machte es mir schließlich sehr leicht, von dort wegzugehen. ‹

(Banken & Versicherungen)

› Ich hatte mich gerade von meinem langjährigen Freund getrennt. Mein damaliger Chef gab mir schnell zu verstehen, dass er ja ebenfalls Single sei und das doch gut passen würde. Wir seien einander ohnehin immer sympathisch gewesen und er könne sich durchaus erkenntlich zeigen: Zum Beispiel könne er mir ein Cabrio als Dienstwagen besorgen oder sich dafür einsetzen, dass ich eine Beförderung bekomme.
Innerlich dachte ich: Fuck off! Laut sagte ich: „Ich halte das für keine gute Idee. Ich würde das Berufliche und das Private lieber getrennt halten." Er war dann eine ganze Weile beleidigt. ‹

(Industrie)

› Das war so gegen halb acht Uhr abends. Ich lief diesen langen Gang auf der Vorstandsetage entlang, als am anderen Ende plötzlich der Aufsichtsratsvorsitzende um die Ecke bog. Der war bekannt dafür, notorisch an Alkohol und Frauen interessiert zu sein. Wir liefen aufeinander zu, als plötzlich ein Kollege aus einer der Türen stürzte, mich in sein Büro schob, sich davorstellte und den Aufsichtsratsvorsitzenden in ein Gespräch verwickelte. Ganz klar: Der wollte mich vor diesem Typ beschützen! ‹

(IT-Branche)

Ganz ehrlich? Am liebsten würde ich laut aufjubeln! Natürlich ist mir klar, wie schlimm das für Christine gewesen sein muss, sie ist ja merkbar verstört. Doch was geschehen ist, ist geschehen. Man kann so einen Fall von sexueller Belästigung ja nicht mehr ungeschehen machen. Aber er wird Konsequenzen haben: Dank Christine habe ich dieses Schwein von CEO dort, wo es ihm am meisten wehtut: Bei seinen notgeilen Eiern! Die werde ich jetzt so fest und so lange quetschen, bis er jaulend aufgibt und ich in unseren Landesvorstand aufgestiegen bin. Die Zeit des unwürdigen Kronprinzen-Daseins ist endgültig vorbei! Diese Geschichte wird Konsequenzen haben, dafür sorge ich!

Trotz ihrer verweinten Augen ist es wieder die toughe Sonderbeauftragte Christine, die mich unvermittelt scharf ansieht und fragt: »Was hast du eben gesagt, Paul?« Habe ich wirklich laut gedacht? Ihrem Blick standhaltend wiederhole ich bewusst langsam, jedes Wort betonend: »Diese Geschichte wird für ihn Konsequenzen haben. Dafür sorge ich, Christine! Versprochen!« Ihre Antwort kommt schnell, ruhig, emotionslos: »Nein, das wirst du nicht! Denn morgen wird er dich abservieren!«

Ca. 19.00 Uhr, Jetzt wird's eng und tief

Albert Einstein erklärte uns, die Zeit sei relativ. Heute ist sie besonders relativ, dieser Nachmittag will und will nicht vergehen. Nachdem ich vorhin meine Zeit in der »prominent besetzten« Panel-Runde abgesessen und mich gezwungen habe, pointierte Weisheiten beizusteuern, mühe ich mich nun durch dieses in jeder Hinsicht bedeutungslose Vertiefungsseminar. Ich höre mich Banalitäten wie »Think global, act local!« sagen. Und: »Veränderungen bedeuten Anpassung!« Und: »Der Mitarbeiter ist unser wichtigstes Kapital.« Und: »Keine Führung ohne Strenge und nicht jeder kann überleben.« Wer hätte das gedacht? Doch heute fällt es mir nicht wirklich schwer, bei solchen Klugscheißerplatitüden ernst zu bleiben: »Morgen wird er dich abservieren!«

Applaus, Panel beendet, wieder 90 Minuten vorbei. Es folgen Kaffeepausen, Networking, Smalltalk. Konferenzalltag eben. Gleich muss ich den »Experten für weitergehende Fragen« geben. Dabei interessiert mich einzig und allein die Frage: Was soll das heißen: »Morgen wird er dich abservieren!«, was zum Teufel meint sie damit? Das ist die einzige weitergehende Frage, die mich bewegt. Nach Osteuropa abgeschoben werden? Aus dem operativen Geschäft weggelobt und in eine dieser nutzlosen Nachhaltigkeits- und Diversity-Positionen verschoben werden? Gefeuert werden? Ich verstehe es nicht! Je mehr ich darüber nachdenke, desto weniger Sinn ergibt das.

Ich bin ein Profi und funktioniere, obwohl meine Gedanken schon längst nicht mehr bei dieser Konferenz sind und wenn das jemandem auffällt, ist mir das auch scheißegal! Zum Glück kommen nicht allzu viele Fragen an den Experten und die wenigen, die gestellt werden, beantworte ich kurz und ungeduldig. Weitere 60 Minuten sind um.

Ich hatte bislang keine Möglichkeit, noch einmal mit Christine zu sprechen. Aber ich höre unablässig ihre Worte wie einen teuflischen Ohrwurm, mal laut, mal leise, mal geflüstert, mal gebrüllt: »Morgen wird er dich abservieren!« Ich bin eine dieser Comicfiguren, die im vollen Lauf über die Klippe hinausrast und plötzlich erkennt, dass sie über dem Abgrund strampelt, im Moment vor dem Fall.

Auf der Abschussliste

› Es ist eine Kunst, für die Firma immer noch so eine Art Restwert zu haben, damit die nicht plötzlich auf die Idee kommt, man sei verzichtbar. ‹

(Banken & Versicherungen)

› In diesen riesigen Konzernen verselbstständigen sich die Dinge oftmals dramatisch. Da kommt niemand und sagt dir ins Gesicht: »Wir müssen reden, irgendetwas stimmt nicht!« Vielmehr sagt irgendjemand irgendetwas zu irgendjemandem, und das wird dann irgendwie zur allgemein akzeptierten Tatsache. Und du stehst daneben, weißt nicht, woran du bist und musst gucken, dass du dich in diesem üblen Spiel halbwegs vernünftig schlägst. ‹

(Telekommunikation)

› Er bekam nur noch das mit, was ihm seine eigenen Leute zuflüsterten. Und so übersah er alle Warnsignale ... ‹

(Banken & Versicherungen)

› Wenn du von absoluter Volllast kommst und plötzlich denkst, du wirst gekündigt, dann ist das eine wahnsinnig schmerzhafte Erfahrung. ‹

(Telekommunikation)

› Ein Managing Director stand auf der Abschussliste. Als er merkte, dass etwas nicht stimmt, ging er zum Vorstand und fragte, ob er noch gut gelitten sei. Und der Vorstand log ihm ins Gesicht: »Alles in Butter!« Man ließ den einfach im Dunkeln stehen! ‹

(Banken & Versicherungen)

› Irgendwann wurden meine Aufgaben immer sinnleerer, immer weniger ging voran. Die Wochen verstrichen und ich begann zu begreifen, dass ich langsam kalt gestellt wurde. Ich nahm meinen Mut zusammen, sprach meinen Chef darauf an und der meinte sehr offen, dass ich im Unternehmen keine Lobby mehr hätte und es daher für mich keine echten Optionen mehr gäbe. ‹

(Medien)

› Das Geschäft lief nicht so, wie es sollte. Ich bekam einen Anruf und der Anrufer verhielt sich merkwürdig, druckste herum. Immerhin bekam ich mit, dass gewisse Leute hinter meinem Rücken besprochen hätten, dass sie mit meiner Performance nicht mehr zufrieden seien und man mich austauschen müsse. Ich dachte nur: »Ihr Arschlöcher, was fällt euch ein!«
Ich hatte keine Ahnung, wohin die Reise ging. Also spielte ich das miese Spiel erst mal mit. Gleichzeitig startete ich eine Kommunikationsoffensive: Ich bin noch da, alles ist toll! Ich blieb am Gas, sprach mit vielen Leuten. Und nach einiger Zeit hieß es »War ja nur ein Missverständnis!« und wir waren alle wieder beste Freunde. Es hatte geklappt, aber es war eng gewesen. ‹

(Telekommunikation)

Endlich kündigt man den »gemütlichen Teil« des Abends an und ich nutze die kurze Pause, um mich »auf Französisch« zu verabschieden, grußlos und leise durch den Hintereingang. Orchestrierte Belustigung ist das Letzte, wonach mir jetzt der Sinn steht. Ich brauche Ruhe, muss nachdenken, in meinem Büro … das voll von fremden, dreckigen, lauten Menschen ist. »Mariaaaaaa!« »Gebäudemanagement tauscht Schränke aus. Für einheitlichen Look & Feel«, informiert mich meine PA seelenruhig. »An einem Donnerstagabend? Wenn wir nicht einmal genug Geld für Druckerpapier haben?« Die Hüterin meines Allerheiligsten zuckt unbeeindruckt mit den Schultern und sieht gelassen zu, wie die Eindringlinge ungeniert meine Papiere und Ordner befummeln und ohne jedes System zwischen den neuen Schrankteilen ausbreiten. Bis in dieses Chaos wieder Ruhe und Ordnung einkehrt, kann ich nicht warten. Ich habe hier fertig! Wortlos drehe ich mich um und gehe.

Beschränkt

› Unsere Garderobenschränke wurden »modernisiert« und gegen solche ausgetauscht, wie man sie auch in Schwimmbädern hat: Man muss einen Euro einwerfen und bekommt so ein Chip-Band fürs Handgelenk. Das war den meisten viel zu blöde und alle hängten ihre Jacken einfach an einen Kleiderbügel ins Büro. ‹

(Banken & Versicherungen)

› Für Arbeitsplätze in hitzeintensiven Bereichen benötigten wir spezielle Lochschränke, die auf der Hinterseite Lüftungslöcher haben. Wir bestellten die beim Zentraleinkauf, ganz korrekt mit Bestellnummer und so. Doch dort befand jemand, dass es sich bei der Bestellung eines Schranks mit Löchern wohl um einen Irrtum handeln müsse und orderte herkömmliche Spinde. Prompt verzogen die sich in der Hitze und mussten bereits nach kürzester Zeit wieder ausgetauscht werden. ‹

(Industrie)

Ad-hoc-Liste von Schwanzi Longi in meinem Netzwerk, die es (theoretisch) mit unserem Landes-CEO aufnehmen könnten:

– Christine: Perfekt, aber leider unauffindbar.

– Eva: Kämpferin, aber leider als Ehefrau parteiisch.
– CFO: Kein Verbündeter im engeren Sinne. Und: Franzose!
– Oberwichtige Zentralisten: Nein, ignorante Feiglinge!

Ad-hoc-Liste loyaler Verbündeter, die es leider nie im Leben mit unserem CEO aufnehmen könnten:

– Klaus-Günther: Schwanzus Kurzus.
– Abteilungsleiter: Verstieße gegen Bewährungsauflagen.
– Jennifer M.: Sanftes Rehauge, ungeeignet für den Kampf.

Ideal sieht anders aus. Doch niemand wird Topmanager, um immer nur unter Idealbedingungen zu managen! Ich sitze in unserer dunklen und angenehm ruhigen Teeküche, nehme mir ein paar in Plastik eingeschweißte Besprechungskekse, die dem Einsparwahn noch nicht zum Opfer gefallen sind, und plane meine Taktik. Ich muss auf alle Eventualitäten perfekt vorbereitet sein! Während meiner Zeit in Österreich erzählten mir die lustigen Alpenbewohner von einem legendären Interview ihrer Fußballnationalmannschaft. Als die Ösis in irgendeinem wichtigen Match zur Pause bereits mit 0:5 im Rückstand lagen, stellte ein Reporter die doch eher sinnlose Frage nach dem weiteren Spielverlauf. Die trockene Antwort »Hoch gewinnen wir heute nicht mehr!« wurde in Österreich zum geflügelten Wort. Hoch gewinne ich dieses Konzernspiel nicht mehr, aber verlieren ist definitiv auch keine Option! Ich hasse es, zu verlieren! Wer »abserviert« wird, verliert haushoch und ich verliere nicht! Punkt!
Ad-hoc-Liste verbliebener Optionen:

– Frau Kniester
– Julian, der Neue

Etwas kurz diese Liste und vergleichsweise unorthodox, unter den gegebenen Umständen muss sie aber reichen. Hauptsache, nicht verlieren, egal wie! Als Erstes rufe ich die Kniesterin an. In all dem Trubel nach dem U-Boot-Debakel bin ich noch gar nicht dazu gekommen, sie zu feuern. Dank ihrer außergewöhnlichen Fähigkeit, jedes noch so verfahrene Projekt wieder auf Erfolgskurs zu bringen, ist sie eine der bestvernetzten Kräfte im Haus und das brauche ich jetzt. Ich muss mich sofort mit ihr abstimmen. Ihr Anrufbeantworter meldet sich: »Hallo lieber Anrufer! Ich bin gerade auf Yoga-Seminar in Thailand und werde die nächsten zehn Tage nicht abheben. Zumindest nicht mein Telefon. Hi, hi.« Manchmal hat man Pech: Sie hatte ihre Chance, jetzt fliegt sie endgültig raus!

› In so einem Großkonzern wird man ganz ordentlich verwöhnt: 32 Tage Urlaub plus sechs Gleittage. Finde das mal woanders ... ‹ Urlaub

(Handel)

› Wenn du nach zwei Wochen aus dem Urlaub zurückkommst, hast du – als Strafe – sicher 300 bis 400 ungelesene E-Mails in deiner Inbox und dutzende Sprachnachrichten auf deinem AB. Wenn man die alle abarbeiten will, dann macht man zwei Tage nichts anderes. ‹

(Telekommunikation)

Einen habe ich noch: Julian! Der selbstbewusste, an allem interessierte, unnahbare Neuzugang, an dessen Story etwas nicht stimmt. Natürlich ist es extrem riskant, sich in solch einer Situation so jemandem anzuvertrauen, noch dazu, wo ich ihn kaum kenne. Ein Super-Joker ist das nicht gerade! Aber was soll ich tun, so viele Alternativen habe ich nicht mehr. Wenn man es genau nimmt, ist er sogar meine letzte Chance! Zumindest scheint dieser Julian mit unliebsamen Gepflogenheiten von Konzernen vertraut zu sein und direkten Zugang zum alten Geier zu haben. Und das sind in meiner Lage schon mal zwei große Pluspunkte!

Maria verweist mich in den vierten Stock, die Etage der »Gästebüros«. Es ist nicht ungewöhnlich, dass neue Führungskräfte dort vorübergehend Unterschlupf finden, bis ihr eigenes Büro bezugsfertig ist. Obgleich ich schon ewig nicht mehr hier unten war, wird es nicht schwierig sein, Julian zu finden, da alle Gästebüros Glastüren haben, die Mehrzahl schon dunkel ist und ich auf diese Weise nur die vier oder fünf abklappern muss, aus denen noch Licht fällt. Er sitzt gleich im zweiten Büro, umgeben von halboffenen Umzugskartons und zahllosen provisorischen Regalen. Und dann – schlagartig und ohne jede Vorwarnung – geschehen mehrere Dinge gleichzeitig, die mein Leben und meine Karriere prägen werden. Das ist er, mein bestimmender Moment:

1. Julian sieht auf, erkennt mich und erschrickt derart heftig, dass er – wie im schlechten Film – seinen Kaffee umstößt.
2. Für eine Millisekunde fürchte ich um seinen Anzug.
3. Aufgeschreckt durch das Geräusch taucht hinter einem der vielen Regale ... unser Landes-CEO auf.
4. Der Geier und ich, wir sehen uns verständnislos an.
5. Erst da bemerke ich die knalligen Aufkleber auf den vielen Umzugskartons: »Büro Hecht«. Auf jedem einzelnen dieser Kartons steht mein Name, mein Büro.
6. Und ich verstehe. Alles fügt sich zusammen. Meine Sachen liegen oben am Boden meines Büros. Sie werden nie in die neuen Schränke eingeräumt werden. Diese Kartons mit meinem Namen sind nicht für mich. Sie sind für den Neuen, in dessen Umzugsvorbereitungen ich so arglos geplatzt bin. Julian ist der neue Paul, er ist gekommen, mich zu ersetzen, und unser CEO hilft ihm dabei!
7. Der Impuls ist stärker als ich. Noch bevor irgendjemand etwas sagen kann, hebe ich den Arm und zeige dem CEO und seinem

Julian den ausgestreckten Mittelfinger. Und dann verlasse ich, zum dritten Mal an diesem denkwürdigen Abend, wort- und grußlos den Ort des Geschehens.

› Du bist stinkwütend und gleichzeitig verunsichert, dass die dich einfach so rausschmeißen. Das macht keinen Spaß! ‹

(Telekommunikation)

› Diese unehrliche Art des Umgangs mit mir, diese Vermeidung klarer Worte, die stören mich bis heute! Hätte man mir ehrlich und offen gesagt, was Sache ist, dann wäre das viel einfacher gewesen. ‹

(Medien)

› Da wurde nicht mit offenen Karten gespielt. Doch irgendwie kann ich das verstehen, weil es ja auch ganz schön schwer ist, in so einer Situation die Wahrheit rauszulassen ... ‹

(Banken & Versicherungen)

› Irgendwann kam die Personalabteilung auf mich zu und wollte mit mir »über mein Fortkommen« reden. Das Ganze war lobend verpackt, so nach dem Motto: Wir nehmen deine Karriere ernst! Zuerst war ich noch voller Euphorie und schmiedete Pläne, aber dann begann ich, genauer hinzuhören, und begriff: Die waren dabei mich abzusägen! ‹

(Medien)

› Das Kurioseste war meine eigene Kündigung. Der kam nicht einmal persönlich zu mir, sondern kündigte mir nach 08/15-Methode übers Telefon. Er war darin geschult, wie man so etwas durchführt und versuchte, mir diese Kündigung mit möglichst sanften Worten schmackhaft zu machen. Aber ich war ja in der gleichen Schulung gewesen und deshalb war das eine ziemlich groteske Situation. Das gesamte Gespräch dauerte nicht einmal fünf Minuten. Dabei ärgerte mich vor allem, wie plump das über die Bühne ging. ‹

(Beratungskonzern)

Freitag

5.00 Uhr, Die Stunden vor der Stunde der Wahrheit

Zu behaupten, ich hätte heute Nacht geschlafen, wäre maßlos übertrieben. Seit ich die kleine Überraschungsparty im Gästebüro so rüde gestört hatte, stand Ausruhen auf meiner Prioritätenliste ganz weit unten und Schlaf war undenkbar, verboten. Stattdessen nutzte ich die vergangenen Stunden, um mich auf den großen Showdown vorzubereiten. In wenigen Stunden, um exakt 11.30 Uhr, werde ich einer Einladung zu einem Meeting mit unserem CEO folgen. Der aussagekräftige Titel lautet: »Besprechung«. In Konzernen verheißen Meetings mit diesem Titel in aller Regel nichts Gutes. Wann immer ich selbst Leute zur Verkündigung ihrer »externen Weiterentwicklung« lud, dann nannte auch ich diese Meetings – so verheißungsvoll unauffällig und neutral – »Termin«, »Kurze Abstimmung« oder eben »Besprechung«. Seit heute Nacht weiß ich, dass das in etwa so unauffällig ist wie die klassische, braune Papiertüte vom Pornoladen. So ein Kalendereintrag schreit nämlich förmlich: Achtung! Exekutionskommando!

Als allererstes rief ich einen Advokaten an, dessen Kontaktdaten unter Führungskräften für den Fall der Fälle diskret weitergegeben werden: Ein sündhaft teurer Spezialist für arbeitsrechtliche Fragen, der auch Donnerstag spät nachts noch sofort ans Telefon geht und das lange, nachfolgende Gespräch erbarmungslos in Viertelstunden-Intervallen abrechnet. Ich suchte nach der besten Taktik und der Anwalt lieferte. Wohl investierte Zeit, wohl investiertes Geld: Acht Intervalle und viele Hundert Euro später weiß ich genau, was ich tun kann und tun werde!

› Als ich gemeinsam mit einigen anderen gefeuert wurde, suchte sich einer von uns einen Staranwalt und wir anderen hängten uns mit dran. Obwohl eigentlich klar war, dass wir dort nicht mehr arbeiten wollten, kam vom Anwalt die Ansage: »Ihr geht jeden Tag hin und zeigt, dass ihr euren Job unbedingt machen wollt!«
Und das haben wir dann gemacht. Obwohl wir von der gesamten relevanten Kommunikation abgeschnitten waren, aus Meetings geworfen und richtig ausgebootet wurden, mussten wir die ganze Zeit so tun, als ob wir dort gerne weitermachen wollten. Das war schon unangenehm!
Der Anwalt riet uns auch, dass wir in Meetings möglichst in Tränen ausbrechen, uns unmöglich gebärden und rumschreien sollten. Damit die uns schnell eine Abfindung gäben, um uns loszuwerden. Aber das konnte ich nicht! ‹

(IT-Branche)

Rechtsberatung

Der echte »Konzernbeamte« ist erst dann wirklich glücklich, wenn er mindestens einmal am Tag sein Credo hervorstoßen kann: »Die da oben können es sich immer richten!« Die Welt ist ja so verdammt ungerecht, die Konzerne sowieso und die Topmanager sind allesamt korrupte Heuschrecken/Haie/Schweine/bitte ein Tier Ihrer Wahl einsetzen. Doch die Weltsicht von »Konzernbeamten« und die wirkliche Welt haben – kaum überraschend – wenig gemein: Die Zeiten, als es sich die Führung globaler Unternehmen nach Gutdünken »richten konnte«, sind lange vorbei. In der Todeszone wird die Luft immer dünner und anstatt »es zu richten«, werden Manager reihenweise gerichtet. Es gibt Jahre, in denen jeder fünfte Vorstandsvorsitzende eines Großkonzerns vorzeitig Abschied nehmen muss. Jeder Fünfte, das entspricht der Quote von »Raue See«, verdammt! Und auf den Ebenen unterhalb des Vorstands sieht es noch dunkler aus. Irgendjemand scheint beschlossen zu haben, die Chefsessel teuflischerweise in Schleudersitze umzurüsten – und meiner löst gerade aus ...

Am Schleudersitz

› Wir arbeiten in einer extrem schnelllebigen Branche und so wird bei uns auch die Geschäftsführung in kürzesten Abständen ausgewechselt. Jahrelang hing in meinem Büro immer das gerade aktuelle Gruppenfoto der Geschäftsführung. Irgendwann gab ich es auf, das Bild laufend auszutauschen, um es an die vielen Wechsel anzupassen. Stattdessen schnitt ich einfach aus den Hausmitteilungen die Bilder der neuen Geschäftsführer aus und klebte sie auf die Körper ihrer Vorgänger. ‹

(Telekommunikation)

› Ich bekam Wind davon, dass sie meinen Vorgesetzten gehen lassen würden. Der Vorstandsvorsitzende kam auf mich zu und sagte: »Bitte machen Sie einen Plan für die neue Organisation, ohne Ihren Chef, aber erzählen Sie ihm nichts davon!«
Mir war das verdammt unangenehm. Ich habe wirklich ewig hin- und herüberlegt, was ich machen soll. Einerseits wollte ich meinem Chef nicht das Wasser abgraben, andererseits konnte ich natürlich auch den Vorstandsvorsitzenden nicht hängen lassen. Als mein Chef fragte, woran ich da so intensiv arbeitete, sagte ich zu ihm: »Ich muss etwas machen, kann dir aber leider nicht sagen, was.« Er flippte völlig aus und rief mich immer wieder an: »Was machst du? Was machst du?« Das war wirklich total übel. ‹

(Handel)

› Ich arbeitete bei dieser amerikanischen Bank und wir saßen gerade in einem Managementmeeting, als mein Chef plötzlich hinausgerufen wurde. Kurz darauf kam er wieder herein und sagte, er sei eben gefeuert worden und müsse innerhalb einer halben Stunde das Unternehmen verlassen. Ich habe ihn nie wieder gesehen. ‹

(Banken & Versicherungen)

› Als ihm gesagt wurde, dass er seinen Posten los sei, hat mein Chef zwei Tage lang geweint. ‹

(IT-Branche)

› Von heute auf morgen war mein Chef weg! Es gab weder eine öffentliche Ankündigung noch einen Nachfolger. Im Organigramm fehlte einfach ein Kästchen. Und ich arbeitete – ohne Vorgesetzten – erst einmal ganz entspannt weiter. Als es Zeit für das jährliche Mitarbeitergespräch wurde, führte ich das direkt mit dem Vorstand. Der war vom Operativen so weit weg, dem konnte man alles erzählen. Er gab mir 140 Prozent Zielerreichung. ‹

(Handel)

Das jahrelang so sorgsam gewebte, interne Netzwerk trägt heute Morgen nicht. Da ich als Bereichsleiter automatisch ein böser Arbeitgeber bin (Manfred: »Der Arbeitgeber hat uns betrogen!«) und der Betriebsrat nur Arbeitnehmer vertritt, ist auch von dieser Seite keine Hilfe zu erwarten. Die lachen sich eher ins Fäustchen, wenn es endlich wieder einmal einen »von oben« erwischt. Ich bin auf mich alleine gestellt, doch das schreckt mich nicht. Ich habe für diesen Termin namens »Besprechung« zwei ganz besondere Asse im Ärmel, von denen der CEO und sein trauriger Hofstaat nichts ahnen und die meine Verhandlungsposition brutal stärken: Zum einen den erschütternden Bericht einer »Sonderbeauftragten aus dem zentralen Vorstand« zur Geilheit des Geiers. Und zum anderen eine Überraschungskarte, die ich je nach Verlauf der »Besprechung« kurzfristig und situationsbezogen einsetzen werde. Meine Argumentationskette steht. Die ersten Headhunter sind informiert. Und auch die virtuellen Visitenkarten, die ich auf der gestrigen Konferenz »verteilte«, sind jederzeit abrufbar. Soweit ist alles klar und vorbereitet …

Die Dämmerung zieht sich zurück, vor den Fenstern wird es unaufhaltsam heller. Und in diesen letzten Stunden meines letzten Arbeitstages erlaube ich mir einen kurzen, seltenen Moment der Schwäche. Es heißt, man könne sich selbst nicht belügen. Daher versuche ich auch gar nicht abzustreiten, dass sich die enorme Macht, mit welcher der Konzern sein Führungspersonal ausstattet, geil anfühlt. Ohne jede Rücksprache eine Rechnung über eine Million Euro abzeichnen, wer kann das schon? Mit einer kurzen E-Mail über die berufliche (Nicht-)Zukunft anderer richten. Als Senior Executive für bla bla bla den sofortigen Respekt kluger, erwachsener Menschen einfordern und unhinterfragt bekommen. Wird mir das abgehen?

Das Leben danach

› Das Leben, das man da lebt, ist schon bizarr: Du wohnst in Fünfsterne-Hotels, fliegst immer nur Business Class und bekommst jeden Scheiß bezahlt. Und von heute auf morgen ist das vorbei. ‹

(Beratungskonzern)

› Plötzlich wird einfach der Stecker gezogen. Es passiert nichts, du sitzt da, bekommst keine E-Mails, nichts. Du wachst morgens auf und denkst: »Kann ich meine Familie noch versorgen?« Psychologisch ist das brutal! ‹

(Telekommunikation)

› Fast alle, mit denen ich damals eng zusammengearbeitet hatte, sind inzwischen raus aus dem Konzern. Heute sagen die: »Wegzugehen war ein Befreiungsschlag!« ‹

(Handel)

Wie wird es sich morgen um diese Zeit anfühlen? Erleichtert, weil befreit von der allgegenwärtigen und drückenden Verantwortung? Voller Vorfreude auf Sonne, Strand und Caipirinha? Durstig nach »neuen Herausforderungen«? Oder einfach nur leer, im gefürchteten schwarzen Loch danach? Ich weiß es nicht und das ist ... ungewohnt. Wenn das Altvertraute derart abrupt dem Neuen weich muss, lässt das selbst den erfahrensten Topmanager nicht ganz kalt. Ich sehe auf die Uhr, es wird Zeit, genug schwarze Gedanken gedacht! Es ist hell geworden, die Stunde der Wahrheit ist gekommen, der Kampf kann beginnen!

11.30 Uhr,
Die Stunde der Wahrheit, zweiter Teil

Natürlich ist er nicht alleine gekommen. Getreu der »Meisterklasse Verhandlungsführung« haben sie zu viert an der Stirnseite des großen Besprechungstisches Platz genommen, mit dem Rücken zum Fenster, damit ich im Gegenlicht ihre Gesichter schwerer lesen kann: In der Mitte der CEO, die Leiterin der Personalabteilung zu seiner Linken und zu seiner Rechten der oberste Jurist im Haus. Und am äußersten Eck wartet auch noch das Personalhäschen mit der Spießerbluse darauf, das unvermeidliche Protokoll zu verfassen. Vier gegen einen, diese Feiglinge!
Sechs Jahre und vier Monate habe ich diesem Unternehmen meinen Intellekt, meine Erfahrung, meine Kraft und meine Persönlichkeit geschenkt. Laut offiziell protokollierter Zeitnehmung wird es weniger als fünf Minuten dauern, diese Beziehung abzuwickeln. Zeit für Emotionen ist im Konzernleben nicht vorgesehen. Auch nicht am Ende.
Minute Eins: Das entsprechende Feld im Protokoll bleibt leer. Wir sind alle Profis, wir schweigen. Ich trage meine Souveräner-Paul-Hecht-Maske, der CEO und der Syndikus blättern in ihren Unterlagen und die Personaltante kämpft vergeblich gegen ihre Nervosität an. Ihr Lächeln, das laut KMEFF-Protokoll eigentlich »verständnisvolles Auseinandergehen« kommunizieren sollte, verkommt zu einem Grinsen, als ob sie auf Droge wäre.
Minute Zwei: Ich gewinne, denn der Geier bricht als erster das Schweigen. »Ich denke, wir wissen alle, warum wir heute hier sind. Lasst es uns so kurz wie möglich halten – Paul, es wurde be-

schlossen, dass man sich von dir trennen muss. Wie unsere Berater vorgestern bereits bekannt gaben, hat man das Einsparungsziel bei ›Raue See‹ noch nicht erreicht. Daher wird dein Bereich mit anderen zusammengelegt und aufgelöst, womit sich deine Stellung erübrigt! Man wird die Leitung dieses neuen Bereichs übrigens einem neuen Kollegen übergeben, Julian, den du ja schon kennengelernt hast.«

So einfach ist das, meine Stellung hat sich erübrigt. Und Julian übernimmt. Ein paar Floskeln im teilnahmslosen Passiv, versteckt hinter dem unpersönlichen »man« (»wurde beschlossen«, »man übergibt«, »wird aufgelöst«), kein Wort der Anerkennung oder des Dankes. Das war's!

› Was du dir nicht erwarten darfst, ist Dankbarkeit. Du hast da gearbeitet, Geld sowie Macht bekommen und dafür einen mehr oder weniger guten Job gemacht. No more, no less. Dankbar ist dir dort aber niemand. Dafür hast du Familie und Freunde, aber nicht den Konzern. ‹

(Telekommunikation)

Danke

»Es ist in unser aller Interesse, mit dieser Situation so professionell wie möglich umzugehen. Ich weiß, dass wir dabei auf dein Verständnis und deine Mithilfe zählen können.« Das könnt ihr sicher nicht, Verständnis und Mithilfe, du Großkotz! Aber noch gilt es, gute Miene zum abgekarteten Spiel zu machen und würdevoll geradeaus zu blicken. Ich habe noch immer kein Wort gesagt, mein Moment kommt noch!

Minuten Drei und Vier: Ein Blick zur Absicherung auf den Hausjuristen, dann kommt der Geier endlich zum Kernpunkt unserer kleinen Zusammenkunft, dem Angebot: »Wir haben dir ein sehr attraktives Paket zusammengestellt.« Ohne mich anzusehen, reicht er mir die Unterlagen.

Nun gilt es – Liebe in den Zeiten des Kapitalismus ist etwas rein Finanzielles. Liebe oder hasse ich euch? Bestens vorbereitet durch meine nächtliche Anwalts-Session überfliege ich die Konditionen. Wie erwartet: Sie kommen erst mal mit dem Standardangebot. Auszahlung meiner verbleibenden Vertragslaufzeit von eineinhalb Jahren plus zehn Prozent Abschiedsprämie. Das ist alles? Also auch zum Abschied keine Großzügigkeit! Ein Handshake, doch von Gold keine Spur. So nicht, Freunde, da geht noch viel mehr! Die Spiele sind eröffnet!

Die Abfindung

› Sie kündigten ein Handschlagmodell an – wer schnell und freiwillig ging, bekam gutes Geld. Ich sah das als günstige Gelegenheit, meine Sachen zu packen und mich mit dem Geld selbstständig zu machen. ‹ (Handel)

› Bei meiner ersten Kündigung habe ich mehrere Fehler gemacht. Vor allem war ich nicht gut genug vorbereitet. Ich habe daraus meine Lehren gezogen: Bei unangenehmen Themen muss man übergenau sein, möglichst an alles denken und nicht mit Naivität rangehen. Man muss sich extrem gut vorbereiten und alle Argumente parat haben. ‹ (Medien)

› Es gibt einfach Leute, die sich besser verkaufen können. Die genau wissen, worauf sie Wert legen müssen. ‹ (Tourismus)

Es wird Zeit! Ich sehe unserem CEO fest in die Augen – das Schwein schwitzt schon! –, zähle still bis zehn und spreche dann die Worte, die ich gestern Nacht unter anwaltlicher Regie bis hin zum Tonfall perfektioniert habe:
»Ich würde gerne mit dir unter vier Augen sprechen!«
»Warum?«

»Es ist eine dieser Stunden! Du bist doch ein Mann für gewisse Stunden, oder nicht?«

Wie auf Befehl sehen Personalerin und Rechtsknecht auf und mich verwirrt an. Das Häschen schreibt den Satz indessen brav Wort für Wort in ihr Protokoll. Eine hübsche Pointe inmitten des Dramas, ich muss aufpassen, dass ich nicht lache. Ich schaue immer noch unverwandt zum armseligen Geier, der, als er seine Worte aus meinem Mund hört, aufs Stichwort blass wird, rot wird, wieder blass wird und dann wortlos nickt. Gemeinsam verlassen wir den Besprechungsraum. Bis jetzt läuft alles perfekt nach Plan!

Wir stehen alleine am Gang. Ruhig fahre ich mit dem anwaltlich geprüften Text fort: »Christine hat mir alles erzählt. Widerlich! Und ich weiß auch von dem Mitschnitt!« Ein kleiner Bluff, aber das weiß er ja nicht. Es gibt keinen Mitschnitt, aber Zeit zum Überprüfen gibt es auch nicht. »Ich will zusätzlich 20.000 Aktienoptionen und einen kleinen Sonderbonus als Anerkennung dafür, dass gewisse private Stunden auch privat bleiben. Ich denke da an eine 1961er Rolex Daytona ›Paul Newman‹ ...«

Es dauert ein wenig, aber dann fängt er sich noch einmal. Man sieht es ihm nicht an, aber unter der aufgeschwemmten Oberfläche ist er noch immer ein Kämpfer. Leise sagt er: »Wir haben eine Liste, Paul. Ich wollte es drinnen nicht erwähnen ...«. Jetzt kommt es! Ich habe so etwas erwartet. Vorbereitung und Planung gehören schließlich zum CEO-Geschäft. Er ist trotz allem ein Profi. Mal sehen, was er zu bieten hat!

»Auf dieser Liste steht das Dutzend Leute, die du nur eingestellt hast, um sie gleich wieder zu kündigen. In der Kantine, verdammt! Und der kriminelle Abteilungsleiter, den du dafür behalten hast! Deine irreführenden Updates an den Betriebsrat. Und dein permanenter Widerstand gegen ›Raue See‹ – vorsätzliche

Geschäftsschädigung nennt das die Rechtsabteilung. Dann dieses illegale Geheimprojekt, für das du noch dazu fröhlich Ressourcen aus anderen Bereichen abgezogen hast. Systematische Missachtung von Reisekostenvorschriften. Teurer Champagner, im Büro, am Vormittag ... Soll ich weitermachen?«

Selbst seine Frau hat er ausgehorcht! Man muss es ihm lassen, auf den ersten Blick sieht seine Liste durchaus beeindruckend aus. Doch ich bleibe angenehm unaufgeregt, der Advokat und ich haben auch diese potenzielle Wendung penibel durchgespielt: »Du weißt doch genau«, sage ich, »dass man nur so in diesem Riesenladen überhaupt irgendetwas bewegen kann. Und ich habe sehr, sehr viel bewegt! Du machst es doch nicht anders!« »Es geht hier aber nicht um mich, Paul. Deswegen sitze ich da drinnen auch auf der Fensterseite des Tisches, und du auf der anderen!«

»Du bist der Chef dieses Unternehmens. Du willst mir doch nicht weismachen, dass du nicht siehst, was hier jeden verdammten Tag schief läuft. Glaubt ihr wirklich, dass ihr diesen ganzen Wahnsinn durch ein ›Raue See‹-Programm und diese lächerliche Bereichsverschmelzung beenden werdet?« Der CEO, der Letztverantwortliche, mein Ex-Chef, schweigt. Und ich komme zum Schluss meiner kleinen Rede: »Noch dazu unter der Leitung von diesem Julian, diesem armseligen Schleimer! Der hier null Erfahrung hat!« Seine Antwort kommt schnell und bringt mich um ein Haar noch aus dem Konzept: »Julian hat exzellente Referenzen. Sein Schwiegervater ist unser CFO! Außerdem hat er unseren Dr. W. als erfahrenen Stellvertreter ausgewählt.« Das sitzt! Welch perfider Schachzug von Monsieur le Directeur Financier. Die Operation »Besetzung der Führungsetage« durch französische Söldner hat begonnen! Und zur Absicherung des neuen Großraumsilos ziehen sie einen wahren Silo-Champion bei. Chapeau, damit haben sie sich wirklich selbst übertroffen!

Der CEO ist Profi, ich bin Profi, wir alle sind Profis. Ich zähle still bis zehn, atme langsam, werde wieder ganz ruhig. Noch mal bis zwanzig. Und dann beschließe ich, dass es an der Zeit ist, die finale Überraschungskarte zu spielen.

› Ich bin ein sehr vorsichtiger Mensch. Andernfalls wäre ich heute auch nicht da, wo ich bin. Vor ein paar Jahren begann ich, die unglaublichen Vorkommnisse zu dokumentieren, mit denen man hier Tag für Tag konfrontiert wird. Brisante E-Mails legte ich in geheimen Ordnern ab, dubiose Dokumente fotografierte ich mit meiner Handykamera. Man weiß ja nie, wann man so etwas noch mal brauchen kann ... Mit der Zeit wurde dieses Zeugnis unternehmerischen Wahnsinns immer facettenreicher, schillernder und dicker. ‹ (Paul Hecht)

Überraschung Teil 1

Ich bin ein präziser Beobachter, war ich schon immer. Ich nehme Dinge wahr: Das ausgesucht hässliche Muster, mit welchem der dunkelgrüne Teppichboden hier oben »verziert« ist. Die künstliche Patina der Namensschilder, die wohl nach Gold aussehen soll. Den Handlauf aus Mahagoni, liebevoll abgerundet, damit zarte Vorstandshände keinen scharfen Kanten ausgesetzt werden. Ich sehe all das und merke – erleichtert – wie wenig es mir bedeutet, dass mir nichts davon abgehen wird. Ich lächle: »Es gibt da noch etwas ...«

› Noch in derselben Nacht begann die Arbeit an diesem Buch. ‹ (Paul Hecht)

Überraschung Teil 2

Als ich ihm von den umfangreichen Aufzeichnungen erzähle, die ich und andere zur Absicherung für Krisenzeiten angelegt haben, und von den Hunderten, sorgfältig dokumentierten Erlebnissen, die so gar nicht zum wohlbehüteten Image unserer Konzerne passen wollen, und von dem Buch, das daraus entstanden ist und das beschreibt, was sich in den Führungsetagen wirklich abspielt, als ich ihm das ruhig und beinahe freundschaftlich erzähle, hört er ebenso ruhig zu, ohne mich auch nur einmal zu unterbrechen. Und fragt schließlich: »Das Buch ist fast fertig?«

»Ja.«

»Und wir kommen da auch vor?«

»Ja.«

»Ich auch?«

»Ja.«

»Mit Namen?«

»Das hängt davon ab ...«

»Von der James-Stewart-Uhr?«

»Paul Newman! Ja, unter anderem.«

»Ich verstehe.«

Pause, keiner sagt ein Wort. Der Worte sind genug gewechselt, sagt der Direktor im Faust. Der CEO sagt nichts. Ich auch nicht. Zwei Männer, ein Handschlag, ein Auseinandergehen auf Augenhöhe. Wir verstehen uns.

Zurück in der »Besprechung«, offizielle Zeitmessung Minute Fünf. Es spricht der CEO: »Wir haben uns geeinigt und Folgendes vereinbart ...« Während die Augen der Personalerin immer größer werden und Spießerbluse brav die Details protokolliert, verabschiede ich mich freundlich und gehe ein letztes Mal über den Gang der Führungsetage zum Toplift. Die Lifttüren öffnen sich, ich stecke meinen Schlüssel ins Schloss und fahre direkt und ungestört, ohne weiteren Halt, bis ganz nach unten in die Lobby. Es fühlt sich gut an!

Dank

Wir danken unseren Interviewpartnern für ihre Offenheit und die viele Zeit, die sie uns gewidmet haben. Ohne euch gäbe es dieses Buch nicht.

Danke auch an Barbara, Helene, Konstanze und Maria, ohne deren schnelle und präzise Schreibarbeit aus stundenlangen Bändern kein geschriebenes Wort geworden wäre.

Danke an unsere Agentin, Swantje Steinbrink, die uns mit viel Engagement begleitet hat.

Danke an Gabi Tautscher für die unerlässlichen Korrekturen.

Danke an das gesamte Team bei Campus, angeführt von unserer Lektorin Waltraud Berz.

Danke an die Sir Henry II, wo wesentliche Passagen dieses Buchs entstanden.

Und nicht zuletzt danke an jene Weltkonzerne, die uns lehrten, genau hinzuschauen und nicht alles so zu akzeptieren, wie wir es vorfanden.